夏热冬暖地区公共建筑低能耗技术研究与应用

陈荣毅　马燕飞　袁峥　周荃　主编

中国建筑工业出版社

图书在版编目（CIP）数据

夏热冬暖地区公共建筑低能耗技术研究与应用/陈荣毅等主编. —北京：中国建筑工业出版社，2019.12
ISBN 978-7-112-24512-3

Ⅰ.①夏… Ⅱ.①陈… Ⅲ.①公共建筑—建筑设计—节能设计—研究 Ⅳ.①TU242

中国版本图书馆CIP数据核字（2019）第283485号

责任编辑：付 娇 李玲洁
责任校对：赵听雨

夏热冬暖地区公共建筑低能耗技术研究与应用
陈荣毅 马燕飞 袁峥 周荃 主编

*

中国建筑工业出版社出版、发行（北京海淀三里河路9号）
各地新华书店、建筑书店经销
北京点击世代文化传媒有限公司制版
北京富诚彩色印刷有限公司印刷

*

开本：787×1092毫米 1/16 印张：11¼ 字数：237千字
2019年12月第一版 2019年12月第一次印刷
定价：98.00元
ISBN 978-7-112-24512-3
（35159）

编委会

主编单位 广州南沙重点建设项目推进办公室

广东省建筑科学研究院集团股份有限公司

主　　编 陈荣毅　马燕飞　袁　峥　周　荃

编写人员 潘大鹏　吴培浩　黄志锋　姚康宁

丁　可　李旭颖　张昌佳　张广铭

苏　斌　王　智　赵宇翔　蔡　剑

程瑞希　谢　聪

前　言

随着社会经济的快速发展和人民生活水平的日益提高，建筑能耗总量和能耗强度上行压力不断加大。低能耗建筑旨在尽可能根据当地气候特征，最大化地利用自然资源，从建筑组团、建筑单体、建筑构件多个维度创造低能耗、高舒适的室内环境。

夏热冬暖地区由于夏季气候炎热冬季温暖，且经济发达，人们对室内的空气品质要求较高，空调普及率较高，空调能耗巨大。因此，该地区的低能耗建筑重点在于优化建筑设计，减少建筑夏季得热量，提高用能设备的运行能效水平。

在“十三五”期间，夏热冬暖地区特别是以广东省为代表的地区积极响应国家关于建筑节能和绿色建筑的各项标准、政策，精心打造了一批办公楼、医院、文体场馆等大型公共建筑项目。在规划、设计、施工中运用了多项低能耗建筑技术，包括室外微气候改善技术、室内热环境控制技术、围护结构被动式降温技术、有利于自然通风的设计技术等。尽管这些技术能够显著改善建筑的综合环境、降低建筑能耗，具备了一定的工程应用基础，但从整体而言，低能耗建筑技术仍未在夏热冬暖地区实现规模化应用。

本书旨在总结实际工程项目中运用低能耗技术的成功经验，归纳适合夏热冬暖地区的公共建筑被动设计、低能耗设计策略与技术，推动公共建筑低能耗技术在该地区的落实，降低建筑能耗，减少建筑碳排放，节约社会资源，为夏热冬暖地区实施绿色建设打好基础。

全书共分为6章，主要内容如下：

第1章，概述：简述低能耗建筑的基本概念以及国内外发展情况。

第2章，区域及建筑特点：简述夏热冬暖地区的地理气候特征、建筑特点以及能耗现状。

第3章，夏热冬暖地区低能耗建筑技术发展现状：阐述夏热冬暖地区低能耗建筑技术的标准体系、技术研究与应用、示范工程及存在的问题。

第4章，关键适宜技术分析：以单个技术点为单位，详细介绍公共建筑的各项低能耗关键技术，包括技术分析、施工要点、节能效益、应用介绍等。

第5章，案例分析：挑选三个典型的实际工程案例，详细介绍公共建筑低能耗技术的集成应用示范。

第6章，总结：对本书介绍的内容进行归纳，提出建议。

目前我国的建筑低能耗技术主要针对北方地区，本书基于低能耗建筑的基本理念，结合夏热冬暖地区的气候特征及能耗特点，试图探寻在该地区发展建筑低能耗技术的关键问题及应用条件。该领域的研究基础相对薄弱，加之作者能力有限，书中不足之处，恳请广大同仁批评指正。本书在编写过程中，参考了许多专家学者的论著与研究成果，虽已列明于参考文献中，但仍恐有疏漏之处，诚请多加包涵！

目录

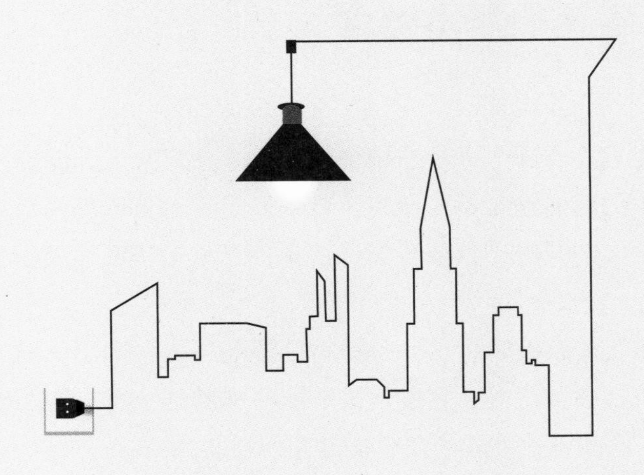

1

概　述

1.1　低能耗建筑的基本概念

目前，低能耗建筑在国际上并没有统一的概念。在广义上，低能耗建筑是指在一定时间范围内使用较少的能源消耗即可维持正常、稳定的运营管理的建筑。而什么样的能耗水平属于“低能耗”的范畴则依据各国经济条件、相关领域发展程度、社会环保意识等各不相同。

在国际上，低能耗建筑的概念首先是针对采暖能耗的，例如德国的低能耗建筑定义最早运用于住宅建筑，即在当时的官方建筑节能标准基础上再节能 30%，采暖能耗小于等于 15kWh/（m^2·a）。也有一些学者将低能耗建筑定义为：在围护结构、能源和设备系统、照明、智能控制、可再生能源利用等方面综合选用各项节能技术，能耗水平远低于常规建筑的建筑物。

在我国，低能耗建筑也是从降低采暖能耗开始发展起来的，因此目前大部分关于低能耗建筑的研究仍然集中在严寒、寒冷地区，其概念或者定义显然不能直接用于夏热冬暖地区的低能耗建筑中。另外，低能耗建筑，与“超低能耗建筑”“被动式建筑”“零能耗建筑”“近零能耗建筑”等这些概念既有联系，又不完全相同，因此，低能耗建筑的概念，可以通过上述各种与能耗相关的建筑概念进行发展与延伸。

2015 年由住房和城乡建设部印发的《被动式超低能耗绿色建筑技术导则（试行）（居住建筑）》，将低能耗建筑与被动式结合在一起形成固定概念，明确了我国被动式超低能耗建筑是指适应气候特征和自然条件，通过保温隔热性能和气密性能更高的围护结构，采用高效新风热回收技术，最大程度地降低建筑供暖供冷需求，并充分利用可再生能源，以更少的能源消耗提供舒适的室内环境并能满足绿色建筑基本要求的建筑。尽管这个概念出自于一本关于居住建筑的标准中，但从概念的内容看完全可以延伸到公共建筑中。

另外，住房和城乡建设部在 2019 年发布的《近零能耗建筑技术标准》GB/T 51350—2019，给出了近零能耗建筑、超低能耗建筑、零能耗建筑的明确定义。

近零能耗建筑，是指“适应气候特征和场地条件，通过被动式建筑设计最大幅度降低建筑供暖、空调、照明需求，通过主动技术措施最大幅度提高能源设备与系统效率，充分利用可再生能源，以最少的能源消耗提供舒适的室内环境，且其室内环境参数和能效指标符合本标准规定的建筑，其建筑能耗水平应较国家标准《公共建筑节能设计标准》GB 50189—2015 和行业标准《严寒和寒冷地区居住建筑节能设计标准》JGJ 26—2018、《夏热冬冷地区居住建筑节能设计标准》JGJ 134—2010、《夏热冬暖地区居住建筑节能设计标准》JGJ 75—2012 降低 60% ～ 75% 以上。”

超低能耗建筑，“是近零能耗建筑的初级表现形式，其室内环境参数与近零能耗建筑相同，能效指标略低于近零能耗建筑，其建筑能耗水平应较国家标准《公共建筑节能设计标准》GB 50189—2015 和行业标准《严寒和寒冷地区居住建筑节能设计标准》JGJ 26—2018、《夏热冬冷地区居住建筑节能设计标准》JGJ 134—2010、《夏热冬暖地区居住建筑节能设计标准》JGJ 75—2012 降低 50% 以上。"

零能耗建筑，"是近零能耗建筑的高级表现形式，其室内环境参数与近零能耗建筑相同，充分利用建筑本体和周边的可再生能源资源，使可再生能源年产能大于或等于建筑全年全部用能的建筑。"

笔者认为，低能耗建筑应该是超低能耗建筑的初级形式，其室内环境参数应该与超低能耗建筑相同，而能效指标略低于超低能耗建筑。综合上述标准关于低能耗建筑的定义描述，并对相关资料进行查阅和归纳后，本书给出低能耗公共建筑的定义如下：

低能耗公共建筑，就是依据建筑物所处地理位置的气候条件，不用或者尽量少用一次能源，应用节能的建筑材料与合理的节能技术，对建筑物的声、光、热及空气品质环境进行全面系统的调节，最大限度地保证室内空间健康舒适的同时，降低能源消耗的建筑类型，其室内环境参数与国家标准《近零能耗建筑技术标准》GB/T 51350—2019 中规定的超低能耗建筑相同，其建筑能耗水平应较国家标准《公共建筑节能设计标准》GB 50189—2015 降低 30% 以上。本书所述的低能耗技术研究与应用，都是基于这个概念提出的。

1.2 国内外低能耗建筑的发展情况

1.2.1 国外低能耗建筑的发展情况

1. 美洲

美国是较早开始研究建筑与气候关系的国家，早在 1938 年，美国伊利诺伊州的凯克斯隆（Keck Sloan）便开始了其长达 20 年的低能耗被动式太阳能设计研究，1940 年在芝加哥的太阳公园便已建成通过南向窗户进行太阳能采暖的太阳能试验住房，并第一次提出了"太阳房"的概念。奥戈雅（Olgyay）兄弟早在 20 世纪中叶即出版了多部有关气候与建筑设计的著作，奥戈雅将建筑视为人类生存的掩蔽所，系统地探索了地方建筑与气候的关系、地方特色与气候的关系以及社区聚落选址与气候的关系，并探索了一种理想的建筑设计方法论——生物气候学设计，且创造了独特的生物气候图表法。其后，B·吉沃尼（Givoni）在《人·气候·建筑》一书中，对奥戈雅的生物气候方法作了改进——从热舒适性出发考察和分析气候条件，进而确定可能采取的设计策略。20 世纪 60 年代末，美国宾夕法尼亚大学的伊恩·麦克哈格（Ian McHarg）教授，撰写了《设计结合自然》一书，随着该书的出版，生态建筑学也正式诞生。20 世纪 70 年代石油危机之后，美国政府重新重视建筑节能，在此领域的研究得以广泛开展。1993 年，美国国家公园出版社出版了《可持续发展设计导则》，其中列出了“可持续的建筑设计细则”。其中就包括应用简单适合技术；针对当地气候特点，采用可再生能源；完善建筑空间使用的灵活性等相关原则。

加拿大由于地广人稀，森林资源丰富。加拿大木业协会委托设计机构曾就木框架、金属框架和混凝土房屋的建筑材料和技术对环境的影响作过对比测试。结果显示，木框架房屋的能源损耗比金属框架房屋少 53%，比混凝土房屋少 120%。因此，90% 的单户住宅建筑都采用纯木或木材与钢、混凝土混合建造，实现低能耗的目的。

2. 欧洲

在欧洲，目前普遍使用的是高舒适、低能耗住宅，某些品质卓越的住宅，甚至不用暖气和空调设施，就能让房间中保持 20 ～ 26℃的舒适温度。这种建筑物往往外表朴实无华，但内部构造非常精致，尤其在墙体结构、门窗玻璃、采暖方式等方面运用了大量的新技术。这种高舒适度、低能耗建筑的造价可能比一般建筑高出 3%，但因节能和优化组合，每年的运营费用却可节约 60%。

1988 年瑞典隆德大学（Lund University）的阿达姆森（Bo Adamson）教授和德国的沃尔夫冈·法伊斯特（Wolfgang Feist）博士在共同进行的低能耗建筑研究项目过程中，首先提出完整的“被动房”建筑技术体系。1990 年，在法伊斯特博士的参与下，达姆施塔特的克兰尼斯坦区（Darmstadt-Kranichstein）成功建造了世界上第一栋被动房试验建筑。这是一座 4 户联排私人投资建设的住宅，每户 156m^2，外墙采用 275mm 的 EPS 聚苯保温板，其传热系数为 0.14W/（m^2·K）；屋面采用了 445mm 的岩棉保温，其传热系数达到 0.1W/（m^2·K）。多年实际运行监测数据显示，其采暖能耗小于 12kWh/（m^2·a）。

德国是国外最早提出低能耗建筑的国家，要求 2020 年 12 月 31 日后新建建筑达到近零能耗，2018 年 12 月 31 日后政府部门拥有或使用的建筑达到近零能耗。要实现上述宏伟目标，德国采用被动房超低能耗建筑技术体系和提升可再生能源使用比例的主要技术路线。在德国，被动房是指建筑仅利用太阳能、建筑内部得热、建筑余热回收等被动技术，而不使用主动采暖设备，实现建筑全年达到 ISO 7730 规范要求的室内舒适温度范围和新风要求。

德国的被动房主要满足舒适度及能耗两大指标要求。舒适度核心指标包括：室内温度 20 ～ 25℃；围合房间各面的表面温度不低于室内温度 3℃；空气相对湿度：40% ～ 60%；室内空气流速小于 0.2m/s。室内表面不能出现凝结水和长霉。德国被动房标准不仅能耗超低，而且室内舒适度明显高于我国现行规范要求。被动房核心能耗指标包括：被动房的采暖一次能源消耗量不大于 15kWh/（m^2·a），一次能源总消耗量不大于 120kWh/（m^2·a）。

德国被动房需要细致、精心的设计与施工。设计建造被动房，需从以下几方面入手：紧凑的建筑体形系数，控制窗墙比，极好的外围护结构保温隔热性能（屋面、墙体、地面、门窗），适当的遮阳设施，严格的建筑气密性要求，带有高效热回收的通风换气系统。

3. 亚洲

在印度，针对干热气候下的建筑遮阳和通风问题，查尔斯·柯里亚（Charles Correa）提出了“开敞空间”（Open to Sky Space）和“管式住宅”（Tube House）两项命题。前者体现出他执着于有阴影的户外或半户外空间更适合于干热地区公共活动的理念；而“管式住宅”则把烟囱效应应用于剖面设计中并加以改造，使之在不同季节之间具有可调节的能力，既能在低层高密度的住宅群中创造小尺度的户内外阴影空间，又解决了室内空气流通的问题，并由此产生了直接反映当地气候特征的建筑形象。柯里亚认为“在印度，建筑的概念决不能只由结构和功能来决定，还必须尊重气候”，为此他提出了“形势追随气候”（Form Follow Climate）的口号。

新加坡华人杨经文先生一直在进行建筑的生物气候学研究，做了大量的实践工作。1996 年他出版了名为《The Skyscraper Bio-Climatically Considered—A Design Primer》的著作，标志着他的生物气候学建筑设计理论的全面成熟。杨经文的生物气候学的理论涉及城市规划、建筑设计及其细部构造的处理，提倡在尊重当地自然环境的前提下寻求建筑与植物的整合，其设计的建筑内部也通过塑造大量的过渡性空间来达到节约能耗和改善室内环境的目的。

韩国提出 2025 年全面实现零能耗建筑目标，National University Prof. K.W.Kim 等学者运用试验的方法结合住宅阳台进行了双层玻璃窗的寒冷地区气候适应性研究，其研究方法具有极高的借鉴意义。

4. 非洲

埃及建筑师哈桑·法赛（H.Fathy），研究了住屋形式随不同气候而产生的变化，并从建筑形态、定位、材料、外表肌理、颜色、建筑空间以及开敞的设计等七个方面对传统建筑的设计策略进行了评价。他认为，与传统技术手段相比，这些措施更能同人体的热舒适性要求相协调，与生态环境保持和谐。在埃及 Luxury 地区的 New Gudrun 农庄，法赛设计的“新乡土建筑”非常适应当地的炎热气候，以零能耗的方式，在 40 多度的高温下，其住宅室内并不过热。

1.2.2 国内低能耗建筑的发展情况

与西方国家相比，中国对低能耗建筑方面的研究相对较晚，对建筑低能耗研究的根本出发点为实用性与经济性，并在西方理论的基础上进行了一定的理论创新。在 20 世纪 70 年代到 80 年代，中国的主要研究方向为太阳能新能源的应用和绿色建筑中的节能方向，研究定位是为了应对全世界能源危机的影响，同时响应国际方面建筑领域的号召。在我国，首先提出生态建筑的是清华大学的李道增教授，1982 年曾在《世界建筑》刊文《重视生态原则在规划中的应用》，标志着我国迈入生态建筑领域。一直到 20 世纪 90 年代，由于前期相关建设没有考虑生态问题，对环境的破坏同时造成了大量资源的浪费，在这种情况下我国建筑界为解决这些问题开始研究建筑与生态的关系，同时参考外国解决这种问题的成果，展开全面的研究。

另一个方面，我国幅员广阔，各地气候差异很大，有严寒地区、寒冷地区、夏热冬冷地区、夏热冬暖地区、温和地区五个建筑热工设计分区，各分区的节能进展与标准存在不同。北方采暖地区（严寒、寒冷地区）居住建筑的节能经历了三个阶段：以1980 ~ 1981 年当地通用设计建筑能耗为参照，新建居住建筑在 1996 年前，单位建筑面积采暖能耗普遍降低 30% 为第一阶段；1996 年起，单位建筑面积采暖能耗普遍降低 50% 为第二阶段；2010 年起，单位建筑面积采暖能耗普遍降低 65%。夏热冬冷、夏热冬暖地区的居住建筑节能是以 20 世纪 80 年代和 90 年代前半期当地通用设计建筑为参照，在室内环境相同的状况下，新建建筑单位建筑面积采暖空调能耗降低 50% 为标准。公共建筑的建筑节能标准依据《公共建筑节能设计标准》，将新建建筑与 20 世纪 80 年代初建造的建筑相比，在室内环境相同的状况下，单位建筑面积采暖空调、照明能耗普遍降低 65%。

我国对于低能耗建筑以及生态建筑领域的研究主要集中于大学及研究院，天津大学建成第一座太阳能建筑，20 世纪 90 年代后期，清华大学在优化建筑规划设计、新型建筑材料开发应用、热泵技术、区域供热与能源规划研究、新型空调供暖方式开发、建筑式热电冷三联供系统研究等领域开展了全面的科研和实践工作。江亿院士主编的《建筑节能技术与实践丛书》对建筑领域可持续发展的技术策略与手段进行了分析与梳理，并对技术、环境与设备进行了系统、全面的阐述。随后出现了不同类型的低能耗建筑，如清华大学超低能耗示范楼、上海闵行区节能办公楼、济南交通大学图书馆、河北工业大学能环楼等。

由清华大学建造的首个高校公开低能耗示范楼，在其中对多种新型建筑技术产品进行了实验并加以演示。这些产品包含多个领域，以其低能耗、生态化、人性化的设计成为中国节能建筑的楷模。其主要技术包括结构系统、可再生能源和节水技术、绿色技术的使用、建筑材料的选择、能源设备、太阳能围护结构、遮阳系统的设计、室内环境控制（包括照明、自然采光、自然通风、空调热回收）。近年来，各个高校相继建立建筑物理实验室，开展建筑能耗监测与研究工作，节能建筑的研究渐渐普及起来。

清华大学还应用低能耗的绿色建筑理念设计了综合办公楼，应用了同样由清华大学学者提出的“缓冲空间”的想法。通过采用这种想法，取得了很好的室内温度调节功能。同时，还充分利用太阳能，为整个建筑供电。也十分注意室内的空气环境，采用了自然通风系统，结合室内绿化布置、绿色照明系统以及智能化楼宇控制等措施，使建筑的能耗降低，提供了舒适的室内使用环境。

不过当前国内绝大多数真正意义上的低能耗建筑从节能策略到系统技术的全方位整合性应用较少，尚处于实验性阶段，并无大力推广的可行性。我国对建筑低能耗探讨无论理论和实践从宏观的层面分析较多，研究的建筑技术手段和创新较少，特别是针对建筑师设计过程的低能耗理论更是空白。

2006 年中国加入亚太地区清洁发展与气候伙伴关系（APP），开启跟踪国际发达低能耗建筑发展，2010 年上海世博会上，英国零碳馆和德国汉堡之家，是我国首次建立的超低能耗建筑。在住房和城乡建设部与德国联邦交通、建设及城市发展部的支持下，中德自 2007 年起在建筑节能领域开展技术交流、培训和合作，引进德国先进建筑节能技术，以被动式超低能耗建筑技术为重点，建设了河北秦皇岛“在水一方”、黑龙江哈尔滨“溪树庭院”等被动式超低能耗绿色建筑示范工程。

此外，我国同时与美国、加拿大、丹麦、瑞典等多个国家开展了近零能耗建筑节能技术领域的交流与合作，示范项目在山东、河北、新疆、浙江等地陆续涌现，取得了很好的效果。目前，已经建成并投入使用近 20 个超低能耗建筑，有近 50 个超低能耗建筑在建设中。已有超低能耗建筑示范项目已经基本覆盖所有建筑类型、覆盖除温和地区外的所有气候区，积累了许多宝贵的技术数据和工程经验，为进一步推广提供了一定的基础。

为了建立符合中国国情的低能耗建筑技术及标准体系，并与我国绿色建筑发展战略相结合，更好地指导我国低能耗建筑和绿色建筑的推广，中国被动式超低能耗建筑联盟组织中国建筑科学研究院等单位开展了《被动式超低能耗绿色建筑技术导则》的编制工作，并于 2015 年由住房和城乡建设部印发《被动式超低能耗绿色建筑技术导则（试行）（居住建筑）》。导则借鉴了国外被动房和近零能耗建筑的经验，结合我国已有工程实践，明确了我国被动式超低能耗绿色建筑的定义、不同气候区技术指标及设计、施工、运行和评价技术要点，为全国被动式超低能耗绿色建筑的建设提供指导。

然而，目前大部分低能耗建筑的技术研究及应用仍然集中在严寒、寒冷地区，属于夏热冬暖地区的低能耗建筑应用较少。夏热冬暖地区的建筑能耗特点与其他气候区域有明显不同，即不再以采暖能耗为主，而是以空调制冷能耗为主，围护结构主要考量遮阳性能。该地区较为优秀的低能耗示范建筑项目包括“珠江城”“深圳证交所”“广州保利花园”“南宁市科技馆”“桂林市建设大厦”等。但从总体上说，适用于夏热冬暖地区的低能耗新技术没有得到充分应用，例如对建筑朝向的合理布置、遮阳的设置、建筑围护结构的保温隔热技术、有利于自然通风的建筑设计等虽然已经具备成熟的理论技术，但在工程上的集成应用仍然不多。另外，夏热冬暖地区目前的单项节能技术缺少整体优化研究，从单项技术应用上来看，每项技术都可以达到预期的节能效果，但多项节能技术综合应用时，由于缺少整体优化措施，造成节能效果反而达不到预期目标，产生 1+1<2 的结果。因此，针对夏热冬暖地区进行公共建筑低能耗技术研究与应用对于该地区低能耗建筑的推广具有十分重要的现实意义。

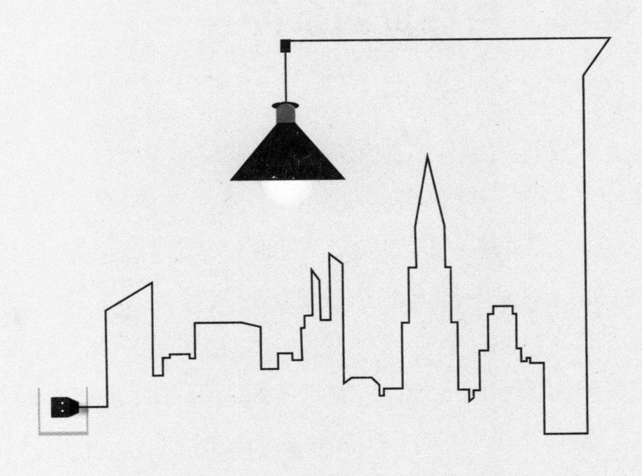

2

区域及建筑特点

2.1　气候、地理、自然资源条件

根据《民用建筑热工设计规范》GB 50176，我国气候大致可分五个区：严寒气候区、寒冷气候区、夏热冬冷气候区、夏热冬暖气候区和温和气候区。夏热冬暖地区位于我国南部，包括海南、台湾全境，福建南部，广东、广西大部以及云南西南部和元江河谷地区，北回归线横贯其北部，属地理学中的南亚热带至热带气候。

夏热冬暖地区人口约 1.5 亿，生活水平较高，经济发展快速，国内生产总值（GDP）约占全国的 15%（广东约占其中的 65%），也是我国能源消耗量较高的地区。根据国家公布的数据计算，2009 年度广东省能源消费总量达到 2.67 亿 t 标准煤，广西壮族自治区能源消费总量达到 0.81 亿 t 标准煤，福建省能源消费总量达到 0.97 亿 t 标准煤，海南省能源消费总量达到 0.014 亿 t 标准煤。

夏热冬暖地区地处北半球东亚低纬沿海地区，北回归线横贯中部，西北背靠世界上最大的大陆——欧亚大陆，东南面向全球最大的大洋——太平洋，东亚西南还有印度洋。在这样的大洋与大陆之间形成了巨大的势力差异，夏半年（4 月 ~ 9 月）多吹从海洋而来的温暖湿润的偏南风，冬半年（10 月 ~ 翌年 3 月）多吹从内陆而来的寒冷干燥的偏北风，形成夏热冬暖地区显著的季风气候（东亚季风气候区的一部分）。加之地势自北向南倾斜，十分有利于海风吹进；北有南岭，又在一定程度上阻碍北方干冷空气的南下。

该区气候特殊。长夏无冬，温高湿重，气温年较差和日较差均小。该区最冷月（1 月）平均气温高于 10℃，最热月（7 月）平均气温 25 ~ 29℃，极端最高气温一般低于 40℃（大多在 36℃左右），一年中日平均气温不小于 25℃的时间为 100 ~ 200d，年平均相对湿度为 80%。该地区雨量充沛，是我国降水最多的地区，多热带风暴和台风袭击，易有大风暴雨天气；太阳高度角大，日照较少，太阳辐射强烈。

这种气候特点与北方气候差异性非常大，而且本气候区开展建筑节能的工作比较晚，导致当前国家推广和应用的建筑节能技术和标准等有很多是针对我国夏热冬冷、严寒、寒冷等区域的，不适宜夏热冬暖地区。因此，在该地区发展低能耗建筑，应满足夏季通风和隔热的要求，重点防止夏季太阳辐射，一般不考虑冬季保温。在建筑设计阶段，应结合建筑所在区域的气象特征，全面分析对建筑能耗有显著影响的各项参数，如室外气候、太阳辐射强度、风速风向等。

2.2 建筑特点

近年来随着我国建筑业的飞速发展，尤其是城市化进程的加快，现在一年建成的房屋建筑面积，比所有发达国家一年建成的房屋建筑面积的总和还要多。夏热冬暖地区大部分省市经济发达，是我国开放改革的排头兵，该地区的建筑业仍将迅速发展，建筑能耗比例还在不断增加。同时，由于该地区人们的物质生活水平不断提高，对建筑热舒适性的要求也越来越高，建筑空调已经普及。居民家用电器品种、数量在不断增加。电视机、电冰箱、洗衣机、电炊具、淋浴热水器等已日益成为该地区一般家庭的必备用品；建筑照明条件也愈益改善；家庭中电脑的应用也在迅速增加。广大农村过去主要使用秸秆、薪柴等生物质能源烧饭和取暖，现在逐步改用煤、电、燃气等商品能源。由于上述诸多因素的综合影响，该地区的建筑能耗呈现持续迅速增长的趋势。建筑能耗占地区总能耗的比例超过30%，在部分主要城市如广州、深圳等，此比例甚至超过40%。

夏热冬暖地区既有经济发达的特大型城市也有经济高速发展中的中小城市，特别是对于大型城市，能源问题已经成为制约其发展的重要因素之一。因此，根据夏热冬暖地区的独特气候特点，开展该地区的建筑低能耗技术研究对建筑节能具有重要的指导意义，将大大降低该地区的建筑能耗水平。

夏热冬暖地区一般不采暖，建筑能耗主要是夏季空调能耗。本地区的传统建筑非常注重自然通风、建筑遮阳、屋面墙体隔热等降温措施，居民习惯于通风良好的室内环境。本地区太阳高度角大，建筑间距小，建筑密度大，很容易形成局部热岛效应。本地区降雨量大，植物容易存活且生长快，适宜采取绿化措施改善室外热环境，也适宜进行建筑的立体绿化。本地区阴雨天多，室外湿度大，建筑的防潮、除湿成为一个比较重要的方面。

有学者对夏热冬暖地区的建筑特点进行了归纳，认为该地区的建筑具有四个方面特征（图2-1）。

1. 开敞通透的平面与空间布局

室内外空间过渡和结合的敞廊、敞窗、敞门以及室内的敞厅、敞梯、支柱层、敞厅大空间等。

2. 轻巧的外观造型

建筑不对称的体形体量、线条虚实的对比，多用轻质通透的材料，以及选用通透的细部构件等。

3. 明朗、淡雅的色彩

比较明朗的浅色、淡色，青、蓝、绿等纯色基调。

4. 建筑结合自然的环境布置

建筑与大自然的结合，建筑与庭园的结合。

图 2-1 岭南建筑特点

实际上，夏热冬暖地区建筑的这些特征都与该地区的气候特征密切相关。与气候特征有关的元素可归纳为遮阳、隔热、通风、抗风、防潮几个主要方面。进一步分析得到该地区建筑降低建筑能耗的一些基本的技术策略：

（1）首先，通过园林景观的营造，设计水体和丰富的植被，或者通过建筑群的布局，如建筑相互遮挡，营造一个良好的室外热环境。

（2）其次，大量应用冷巷、天井、露台、敞廊、敞厅、敞梯、敞窗、敞门等开放性空间，使建筑与庭园融合。该地区建筑这些开敞、开放的特征，使室内空间可以获得良好的自然通风，从而使得室外的阴凉进入室内。

（3）最后，建筑结合造型，有大量的遮阳设计，如大屋檐、骑楼等；多采用相对轻质的材料，不容易蓄热，通过自然通风，晚上可以快速带走热量。

在夏热冬暖地区气候环境下，被动式设计尤为重要，倡导适应环境、气候设计是继承传统设计理念、优化当代建筑设计方法的针对性措施。夏热冬暖地区夏季时间虽长，但最高温度不会太高，在传统建筑中，往往通过遮阳、通风通透设计就可以达到室内外的热舒适需求。有学者曾对佛山东华里进行热环境的实测，发现街巷布局和民居建筑营造方式有利于降低和稳定区内及室内的环境温度，同时这种组合可使区内形成局部的冷热不均，形成局部地方风，形成较好的夏季微气候。也有学者对广府地区传统民居通风方法和效果进行了比较深入的研究，对岭南传统建筑的几种类型——三间两廊屋、竹筒屋与庭院式宅邸——民居单体开展了通风及相关热环境的实测，得出得益于传统建筑良好的被动式设计，民居热舒适性评价指标接近舒适的中性值。

现代建筑，特别是近年来的新建建筑，由于社会经济快速发展的需要，空调系统的大面积使用，传统建筑设计手法往往被忽略，建筑形态单一，空间设计固化，往往是简单的实体围合或是大面积的玻璃幕墙，建筑设计未能取得良好的节能效果，建筑节能降耗通常靠高效的能耗设备和较高的围护结构节能性能来实现，也不经济。如能在现在建筑设计中强化被动设计，大量采用适应夏热冬暖地区的建筑遮阳、通风、热反射等隔热散热设计手段，采用适应热湿环境的材料，必能提升本区域建筑能效水平，提高建筑空间内热环境。

当然，由于技术的限制，一些夏热冬暖地区的传统民居为了营造室内较好的热环境，减少太阳辐射进入室内，牺牲了采光等性能。例如，西关大屋就存在自然采光差、湿度大等问题。因此，夏热冬暖地区的低能耗建筑技术仍然存在不少的进步空间，应该在满足现代建筑室内环境综合要求的前提下，研究如何实现建筑的低能耗。

在夏热冬暖地区的建筑能耗中，空调制冷用电尤其值得关注。每年夏季，高温酷暑，多数电网负荷又连创历史新高，夏热冬暖地各省区市的电网差不多全面告急，多个城市仍不得不拉闸限电，各电网高峰负荷中约有三分之一都属于空调负荷。如果单纯采取增建电力设施的做法，随着空调的不断增加，电力工业的峰谷差必然更加扩大，致使高峰用电问题愈益严重。只是为了保证高峰期间用电，许多昂贵的电力设施大部分时间都处于闲置状态，这是极其浪费的；而且低谷时大量的电用不了，造成能耗的进一步提高，能源的极大浪费。

在夏热冬暖地区发展低能耗建筑技术，可从源头上“釜底抽薪”，只要普遍提高建筑围护结构的热工性能，改善建筑室内的热环境，空调的使用会大大减少。提高空调系统的效率，就可以用较少的资金投入，达到节约能源、削减高峰负荷的目标。相对工业节能，单个建筑的节能量虽然很小，但是，民用建筑的数量庞大，如果大规模、大面积推广实用的低能耗建筑技术，实现的节能量将非常可观。因此，现阶段对适合广泛应用的实用低能耗建筑技术的研究及其大规模推广，对夏热冬暖地区的节能工作而言非常重要。

2.3 公共建筑的能耗状况

由于夏热冬暖地区有夏季漫长，冬季寒冷时间短的气候特点，近十几年来，该地区建筑空调发展极为迅速，其中经济发达城市如广州、深圳等，空调器早已超过户均 1 台，而且一户 3 台以上的也为数不少。冬季比较寒冷的福州等地区，已有越来越多的家庭用电采暖。在空调及采暖使用快速增加、建筑规模宏大的情况下，建筑围护结构的热工性能仍然普遍很差，空调采暖设备能效比很低，电能浪费严重，室内热舒适状况不好，也是造成广州等大城市空气污染的一个重要因素，并导致温室气体 CO_2 排放量的增加。由此可见，在夏热冬暖地区发展低能耗建筑具有十分重要的意义。下面以广东省为例，对公共建筑的能耗状况进行初步分析，以期揭示该地区公共建筑的用能特点与发展规律。

2.3.1　广东省公共建筑能耗总体状况

表 2-1 显示了 2013 年广东省主要城市的国家机关办公建筑与大型公共建筑的电耗状况，从表可见，2013 年全省国家机关办公建筑和大型公共建筑的总电耗为 1303358.54 万 kWh，总单位面积电耗为 91.21kWh/（m^2·a），其中国家机关办公建筑总电能耗为 261290.73 万 kWh，单位面积电耗为 73.09kWh/（m^2·a），大型公共建筑的总电耗为 1042067.81 万 kWh，单位面积电耗为 97.25kWh/（m^2·a）。

广东省主要城市国家机关办公建筑与大型公共建筑各分类建筑年耗电状况　　表 2-1

分类指标	建筑面积（万 m^2）	年总耗电量（万 kWh）	单位建筑面积耗电量 [kWh/（m^2·a）]
全省指标	14290.03	1303358.54	91.21
国家机关办公建筑	3575.09	261290.73	73.09
写字楼建筑	3038.18	223001.57	73.40
商场建筑	2731.94	364840.41	133.55
宾馆饭店建筑	1255.30	134983.59	107.53
其他建筑	3689.52	375406.94	101.75

从表 2-1 中还可以看到，在大型公共建筑中，商场建筑的单位面积电耗最高为 133.55kWh/（m^2·a），单位面积电耗最低为写字楼类建筑，为 73.40kWh/（m^2·a），单位面积电耗居前三位的分别为商场建筑、宾馆饭店建筑、其他建筑。

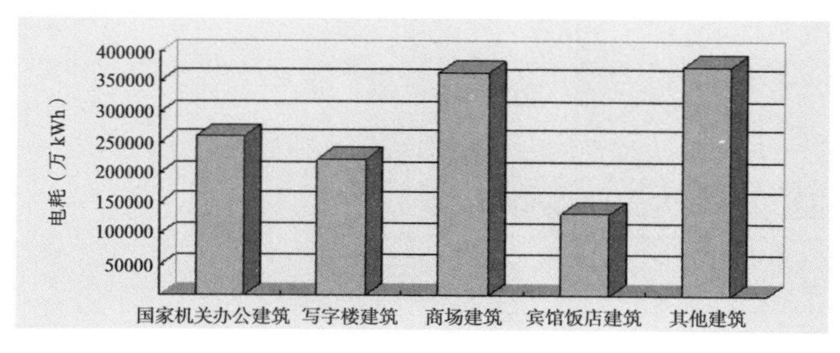

图 2-2　广东省国家机关办公建筑与大型公共建筑各分类建筑电耗柱状图

图 2-2 显示了广东省国家机关办公建筑与大型公共建筑各分类建筑的总耗电量状况，从图可看出商场建筑、其他建筑统计总电耗最高。

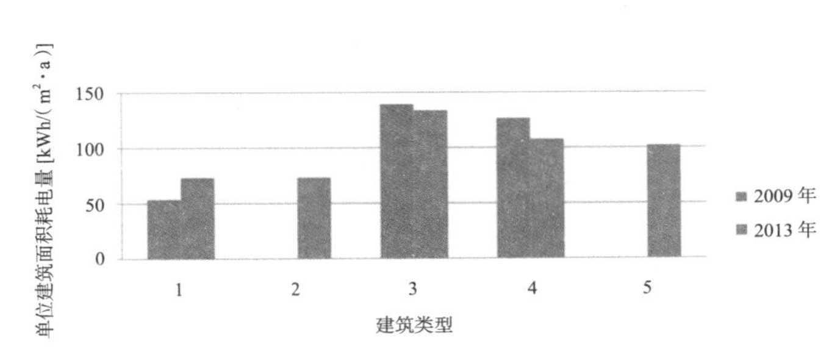

1- 国家机关办公建筑；2- 写字楼建筑；3- 商场建筑；4- 宾馆饭店建筑；5- 其他建筑

图 2–3　广东省国家机关办公建筑与大型公共建筑单位面积电耗柱状图

图 2-3 显示了 2013 年广东省国家机关办公建筑与大型公共建筑各分类建筑以及 2009 年部分类型建筑单位面积电耗状况，从图中可见，商场类建筑、宾馆饭店类建筑、其他类建筑单位面积电耗最大，具备节能的潜力。与 2009 年相比较，国家机关办公建筑单位面积电耗有 36% 的上升，商场建筑和宾馆饭店建筑单位面积能耗最大，但相比 2009 年分别有 4% 和 15% 的下降。商场建筑和宾馆饭店建筑节能潜力大，而国家机关办公建筑更应该在节能减排方面做好，起到示范性作用。

与广东省《公共建筑能耗标准》DBJ/T 15—126—2017 中给出的能耗指标值相比，上述统计结果表明，从全省范围看，广东省公共建筑的能耗水平并不算高，这是由于统计样本中包含了部分粤东西北的公共建筑，这些地区由于经济发展水平相对落后，公共建筑能耗水平也普遍不高，导致全省整体能耗水平不算太高。

2.3.2　广州市公共建筑能耗状况

多年以来，广州市建委积极响应广东省住设厅的要求，坚持每年对广州市的国家机关办公建筑和大型公共建筑进行能耗统计工作，为广州市的建筑节能工作积累了大量宝贵的基础数据。

表 2-2 汇总了从 2010 ~ 2014 年度不同类型的大型公共建筑电耗统计结果。

2010 ~ 2014 年度广州市各类大型公共建筑电耗统计结果汇总表　　表 2–2

统计年度	统计指标	大型公共建筑				
		写字楼	商场	宾馆饭店	其他	小计
2010	建筑面积（万 m^2）	304.6	240.0	330.9	1558.8	2434.3
	总耗电量（万 kWh）	34110.7	41530.3	52522.2	184382.0	312545.2
	单位面积年耗电量 kWh/（$m^2 \cdot a$）	112.0	172.7	158.7	118.6	128.4

续表

统计年度	统计指标	大型公共建筑				
		写字楼	商场	宾馆饭店	其他	小计
2011	建筑面积（万 m^2）	416.7	259.4	367.2	1747.0	2790.3
	总耗电量（万 kWh）	45770.6	46461.1	54079.9	206145.9	352457.5
	单位面积年耗电量 kWh/（m^2·a）	109.8	179.1	147.3	118.0	126.3
2012	建筑面积（万 m^2）	738.9	398.7	408.5	2194.4	3732.9
	总耗电量（万 kWh）	80295.6	65616.4	54036.5	226877.5	426826.0
	单位面积年耗电量 kWh/（m^2·a）	108.7	164.6	132.3	103.4	114.3
2013	建筑面积（万 m^2）	1081.1	621.1	476.0	1571.1	3749.3
	总耗电量（万 kWh）	113172.4	93790.6	67230.5	178342.4	452536.0
	单位面积年耗电量 kWh/（m^2·a）	104.7	151.0	141.2	113.5	120.7
2014	建筑面积（万 m^2）	1027.51	609.73	455.13	1733.2	3825.57
	总耗电量（万 kWh）	110562.4	105394.6	66407.7	220074.7	502439.4
	单位面积年耗电量 kWh/（m^2·a）	107.6	172.9	145.9	127.0	131.3

图 2-4 对 2010 ~ 2014 年度各类型大型公共建筑的单位面积年耗电量进行了对比，总体而言，2014 年度各种类型的大型公共建筑电耗水平都比 2013 年上升了，电耗水平变化最平稳的是写字楼建筑，总体上呈现出逐渐缓慢下降的变化趋势，这与其使用功能密切相关。写字楼建筑每天运营时间比较稳定，每年耗能设备使用情况（如：全年运行时间和数量）也基本相同，因此，此类建筑的电耗水平变化不大。而宾馆饭店建筑和其他建筑在前些年实现了电耗水平下降后在近两年出现了反弹，且反弹幅度并不小，本年度宾馆饭店建筑的单位面积年耗电量比 2012 年上升了 10.3%，而其他建筑则上升了 22.8%。而商场建筑的单位面积年耗电量最低值出现在 2013 年，2014 年度其单位面积年耗电量比 2013 年上升了 14.5%。

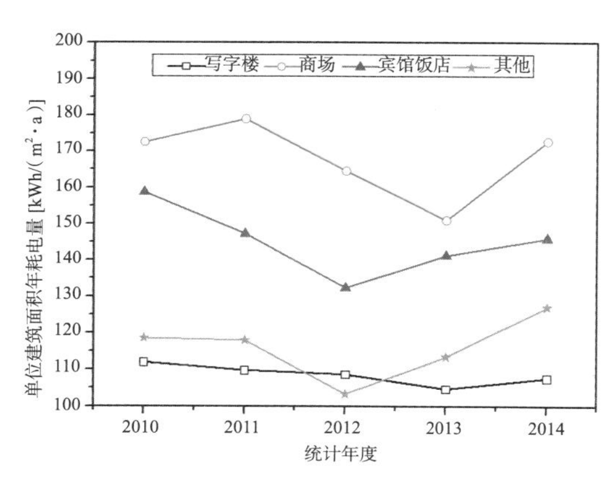

图 2–4　2010 ~ 2014 年度各类型大型公共建筑单位面积年耗电量对比

2.3.3 能耗对标情况分析

表 2-3 显示了广东省及广州市的写字楼、商场、宾馆饭店三类公共建筑 2010 ~ 2014 年共 5 年的平均单位面积能耗与广东省《公共建筑能耗标准》DBJ/T 15—126—2017 给出的能耗指标引导值的对比情况。从表中可以看出，从全广东省的统计结果看，三类建筑的能耗水平都能满足标准引导值的要求，这是因为粤东西北等经济不发达地区有很多能耗水平不高的公共建筑，拉低了全省公共建筑的平均能耗水平，这也说明了实际上广东省的公共建筑整体能耗水平并不算十分高。但是从广州市的统计结果看，三类公共建筑的能耗水平都超过了标准能耗引导值的要求，说明广州市公共建筑的能耗水平是偏高的，在这些经济发达地区发展低能耗建筑十分必要。

广州市三类公共建筑 5 年平均能耗水平与标准指标值的比较　　表 2-3

建筑类型 / 指标引导值	写字楼	商场	宾馆饭店
广东省统计能耗指标值 [kWh/(m^2·a)]	73.40	133.55	107.53
广州市统计能耗指标值 [kWh/(m^2·a)]	108.56	168.06	145.08
标准规定指标值 [kWh/（ m^2·a)*]	84	167	140

注：* 该值为标准中对应建筑类型的 A 类和 B 类指标引导值的平均值与用能水平系数的乘积。

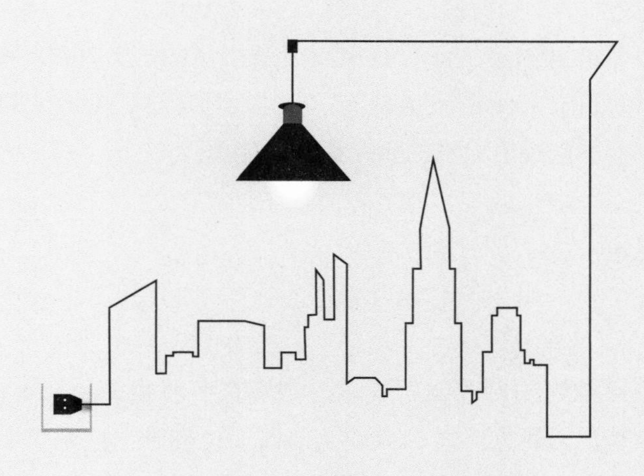

3

夏热冬暖地区低能耗建筑技术发展现状

国内建筑节能研究从北方开始，夏热冬暖地区研究起步较晚。夏热冬暖地区从2002年开始开展建筑节能相关研究，各地均针对地方特点制定了一系列适宜的建筑节能标准与规范，其中包括各省级建筑节能设计标准及各地市级的地方标准、建筑节能施工验收标准、专项节能技术标准、各地图集编制等；同时，对适用于本地区的节能墙体、玻璃、节能设备、太阳能技术等进行了大量的研究和技术应用。

3.1 技术标准

近年来，夏热冬暖地区编制和发布了多项与建筑节能相关的技术标准，包括《夏热冬暖地区居住建筑节能设计标准》《〈公共建筑节能设计标准〉广东省实施细则》《公共和居住建筑太阳能热水系统一体化设计施工及验收规范》《屋面绿化工程技术规程》《绿色建筑评价标准广东省实施细则》《广东省绿色建筑设计导则》《建筑门窗幕墙玻璃隔热膜节能设计、施工及验收规程》《广东省建筑节能检测标准》和《广东省建筑节能工程施工验收规范》等。

针对低能耗建筑的技术标准也有较大进展，例如广东省的《被动式超低能耗绿色建筑技术导则（居住建筑）》已经批复立项，目前正在编制当中。另外，最新版本的广东省《公共建筑节能设计标准》中，也专门增加了一章低能耗设计的内容。可以说，虽然夏热冬暖地区的低能耗技术研究工作起步较晚，但标准体系的搭建正在紧锣密鼓地进行。

3.2 技术研究与应用

低能耗与超低能耗建筑是建筑节能未来的发展方向之一。发达国家已经制定并实施了针对零能耗建筑的相关标准，这些标准中明确了各类节能措施的性能指标。然而，受发达国家地理位置和气候特点的制约，其重点关注的节能措施仍然局限于提高围护结构的保温性能，例如，超低导热系数的外墙和外窗构造等。发达国家制定的零能耗建筑标准并不完全适用于我国夏热冬暖地区，因此，迫切需要立足于我国南方夏热冬暖地区的气候特点，研究多种被动式节能技术与措施。

目前，夏热冬暖地区的公共建筑低能耗技术应用仍然存在不少问题，包括玻璃幕墙的大面积应用带来的隔热性能不足问题、轻质屋面的隔热问题、集中空调系统缺乏整体优化带来的夏季高能耗问题等。

针对上述问题，各地陆续展开了公共建筑低能耗技术的研究，并在实际工程中获得应用。目前，应用较多且比较成熟的技术包括：建筑节能玻璃、节能门窗、节电、节水产品和各种新型墙体材料的应用，自然通风、立体绿化、屋顶绿化、园林设计、外围护结构保温隔热体系、建筑外遮阳等多项技术的应用。另外，还有可再生能源应用技术，如太阳能光电照明技术、一体化的太阳能光热系统应用技术等。

3.2.1 技术概述

1. 针对外墙的低能耗技术

墙体作为建筑物最主要的外围护结构，除了承重、隔断的作用之外，还提供保持室内热稳定性的作用。建筑室内外热量一般通过热传导、热对流和热辐射三种方式进行交换。由于夏热冬暖地区夏季温度高且持续时间长，冬季温和且时间较短，因此，夏热冬暖地区的建筑外围护墙体的隔热性能尤为重要。建筑的隔热性能通常是指建筑外墙体在夏季隔离太阳的辐射和室外的高温作用，使室内保持适宜的温度的能力。建筑外墙隔热性能的评定通常用240mm厚的砖墙的隔热性能作为参考，通过比较夏季同等条件下，测试墙体内表面温度与240mm厚的砖墙内表面温度的高低来认定隔热墙体是否符合隔热要求。至于外围护墙体在冬季的保温性能，由于其对于夏热冬暖地区建筑能耗的影响程度较弱，因此并不是节能设计的侧重点。

墙体的低能耗技术重点在保温隔热材料的选择上，保温隔热材料大多具有轻质、疏松、多孔的特点，主要是利用空洞中静止状态的空气或氮气、二氧化碳等，通过特殊的结构设计来达到保温隔热的目的。优良的墙体保温隔热材料具有如下优点：①经济性上，大大降低了建筑使用过程中的能耗消费，降低了机械设备的使用频率，节省了设备花销；②环保性上，降低了二氧化碳等温室气体的排放；③舒适性上，不仅保持了室内温度的稳定性，在天气、季节交替时保持室温平稳，还具有一定的隔声性能，降低外界的噪声干扰；④在建筑保护性能上，增强了建筑的整体性、阻燃性，延长了建筑的生命周期。夏热冬暖地区建筑的保温材料除了考虑密度、导热性能之外，还要考虑防火、耐久、吸湿、易施工等特性。

夏热冬暖地区由于夏季高温持续时间长且雨量充沛，空气湿度较大，因此对于该地区外墙体节能材料的选择应不仅考虑其保温性、强度、防火性、经济性和耐久性，还要结合材料在高温高湿度环境下防水和长期保持稳定隔热性能的能力。尤其当夏热冬暖地区在春夏交季时，空气湿度极大，墙体材料极易因湿气的侵入造成霉变和腐坏，影响其隔热保温性能。要尽量避免保温材料直接暴露在建筑外层，在保温层外采取必要的保护措施。

夏热冬暖地区的太阳辐射强烈，建筑外墙应提高对太阳辐射的反射或转化能力。在建筑外墙构件预制的过程中，可结合外墙面层一体化生产，宜选用浅色或反射率高的外墙表面材质，抑制墙体外侧吸收太阳辐射；也可将太阳能光伏装置与外墙构件一体化生产，利用太阳能这一绿色环保的再生资源为建筑提供能源，以达到更好的节能效果。

2. 针对屋面的低能耗技术

屋面作为建筑围护结构的一部分，虽所占面积比例比较少，但屋面能耗约占房屋能耗的 10%，屋面的热工性能将直接影响到整个建筑室内舒适热环境的营造。

（1）隔热型屋面

1）正置式屋面

正置式屋面也就是传统隔热屋面，传统隔热材料主要有岩棉、矿棉、膨胀珍珠岩制品，导热系数约为 0.058 ~ 0.175W/（m·K），水泥膨胀蛭石、加气混凝土等，导热系数约为 0.11 ~ 0.18 W/（m·K）。此类材料都是非憎水性材料，遇水吸湿后材料含水率越高，则导热系数越大，隔热效果越差。

2）倒置式屋面

与传统正置式隔热屋面不同，倒置式屋面的隔热层在防水层上面。倒置式屋面常用的隔热材料主要有挤塑聚苯板、聚苯乙烯泡沫塑料板、硬质聚氨酯泡沫塑料等，导热系数约为 0.018 ~ 0.024 W/（m·K）。这类憎水性材料具有质量轻、隔热效果好、防腐蚀等特点。当处于极端热湿环境下时，虽然正置式屋面和倒置式屋面都将具有一定的隔热降温效果，但倒置式屋面因其构造简单、施工方便、渗水率低、隔热材料高效的优势，更适合应用于夏热冬暖地区。

（2）架空屋面

架空屋面的原理是利用隔热层遮挡太阳直接辐射，降低屋面上层温度，保护防水层，再利用风压和热压作用，在通风间层形成管道通风现象，带走通风间层中的热量，再次降低室内温度，起到双层隔热降温作用。合理设置屋面架空隔热构造，可平均降低屋顶内表面温度 4.5 ~ 5.5℃。但是，传统架空屋面多采用砖砌架空，通风道不经常清理导致容易堵塞，反而造成隔热效果不好。

（3）被动蒸发冷却型屋面

1）蓄水屋面

蓄水屋面是利用水的蓄热和蒸发的原理，每蒸发 1kg 水能带走 2428kJ 的热量，从而有效减少从屋面传入室内的热量，达到良好的降温隔热作用。还可以同时在水面设置白色漂浮物，利用反射作用也可以达到降温效果。蓄水屋面由于水层的保护，减缓了热胀冷缩对刚性防水层的碰坏，增强了屋面的防水性能。因蓄水深度的差异可将蓄水屋面分为深蓄水、浅蓄水、植萍蓄水，蓄水深度的选择与建筑所处环境直接相关。蓄水屋面需要注意的问题是避免屋面蓄水材质干枯。当太阳辐射强烈而屋面又无水时，刚性防水层会因受热干缩而变形开裂，导致柔性防水层老化破损，最终导致屋面漏水且很难修复。

2）多孔材料蓄水屋面

多孔材料蓄水屋面是在建筑屋面上增加一层多孔轻质材料，现阶段，用于蒸发降温的多孔材料一般多选用砂子或固体加气混凝土。隔热原理是屋面蓄水后，多孔材料受太阳辐射与室外空气发生换热作用时，材料层中的水分会迁移至多孔材料上表面，经蒸发带走大量的汽化潜热。

水分蒸发和多孔材料的双层隔热作用使多孔材料蓄水屋面具有良好的隔热降温性能。夏热冬暖地区作为高温多雨气候的代表，太阳辐射强，降雨量大，同时蒸发量也就大。屋面蓄水蒸发可以带走大量的热，同时又可以得到及时蓄水；多孔材料因其材料本身多空隙的特点，保水性能好，雨水利用率较高，并且无论干燥状态还是蓄水状态都有良好的隔热性，所以适宜夏热冬暖地区。但是，设置蓄水屋面时要考虑在少雨季节屋面的补水和屋面蓄水的结构荷载。

（4）遮阳型屋面

1）种植屋面

种植屋面是指在传统屋面上覆盖种植媒介和种植相应植物的组合式屋面，一般根据种植土层的厚度不同将种植屋面分为重型种植屋面、中型种植屋面、轻型种植屋面。种植屋面利用植物自身对太阳辐射的遮挡、叶片的蒸腾、土壤和水分的蒸发等作用，减少对屋面结构层的太阳辐射，达到隔热作用。由试验可知，夏季绿化屋面外表面最高温比无绿化屋面外表面最高温低 20℃以上，可减少 1/4 从屋面传入室内的热量。发展种植屋面要注意，植被应选择当地易存活的高覆盖密度物种，同时设计时要考虑屋面结构载荷和植被后期养护。夏热冬暖地区高温多雨的气候特点，特别适合亚热带常绿植物生长，在屋顶种植植物可以有效降低屋面的综合温度，减少屋面传热量，增加绿化面积，提升视觉景观效果，缓解雨水排放压力。

2）太阳能光伏屋面

太阳能光伏屋面是在屋面上安装光伏系统，实现光伏系统与建筑屋面的结合。太阳能光伏屋面的结构根据光伏构件的不同分为两种，一种是外加型屋面，光伏组件如电池板等为不透明构件，是通过支撑结构外加在屋面上的；一种是集合型屋面，光伏组件如光伏瓦、光伏玻璃等为不透明或半透明构件，是和屋面其他结构集合成一体的。光伏屋面的优点在于一体化设计、光伏发电、降低空调负荷、取代屋面材料；不足在于受屋面角度限制、前期投入较大、后期维护费用高。同时，设计中还要考虑风压、防雷、风荷载、防水、安装方向、安装角度等问题。夏热冬暖地区年均辐射总量达 6500 MJ/m^2，太阳能资源极其丰富，适合发展太阳能光伏屋面。

3）热反射屋面

热反射屋面即使用建筑热反射涂料的屋面。热反射屋面的工作原理是利用涂料的高反射率，反射掉大部分的太阳辐射；利用涂料的高发射率，散发材料本身所吸收的热量，使屋面表面温度低于传统屋面的表面温度。热反射涂料是在铝基反射隔热涂料基础上发展而来的，由基料、热反射填料和助剂组成。大部分常用的反射涂料都是偏浅色的，白色材质占 20%，有色材质占 80%。反射屋面节能效果显著，并且反射涂料可直接喷涂于屋面，施工要求低。夏热冬暖地区较强的太阳辐射正适合热反射屋面的推广。

3. 针对门窗的低能耗技术

在节能建筑普遍推行的今天，门窗作为建筑保温隔热的重要环节越来越多地受到了关注。通过各种研究提高建筑门窗的节能性能，减少建筑室内外通过门窗的热量交换。在建筑外围护体系的各构造部分中，门窗约占建筑总表面积的15%，但是通过门窗部分损失的热量达到了建筑总能耗的近50%。门窗能耗约为墙体的6倍、屋面能耗的5倍、地面能耗的近20倍。可见，门窗是建筑节能最重要的组成部分。门窗不可避免地会产生热量的交换，增加建筑能耗，控制门窗面积是控制热量损失、降低能耗的重要手段。因此，在建筑节能门窗的设计中，控制合理的窗地比是实现门窗节能的重要前提。

（1）门窗框种类

门窗框是节能门窗的重要构造组成部分，通常分为：木框、钢框、铝合金框、塑料框等材质。不同材质的门窗框其阻燃性、耐火性、刚性、导热性等指标也各不相同。

1）木材门窗框。木材门窗框是一种传统且便于制作的门窗框类型。木材具有导热系数低的特点，但是由于木材本身容易因湿气和水分造成腐烂，因此常需要在其表面加涂油漆等其他材料以作保护。为了保护森林资源，我国严格控制木材的砍伐和加工，木材门窗框的应用比例逐渐下降。

2）金属门窗框。金属门窗框主要可以分为钢框和铝合金框。金属门窗框具有耐久性好、强度高、可塑性强、质地较轻等特点，其断面可以加工成复杂的形状。但是由于金属材料的导热系数较高，使得金属门窗框的保温隔热性能有所降低。为了弥补因金属材料导热系数大引起的门窗整体导热性高，金属门窗框通常配合高性能节能玻璃系统以及设置“热隔断”。

3）塑料（PVC）门窗框。虽然塑料门窗框有着导热系数低、气密性和装饰性好等优势，但塑料的强度和刚性却是其最大劣势。塑料门窗框的导热性可以与木材门窗框相比拟，而它的刚度却仅为铝合金框的三分之一。针对这一特征，通常会在塑料门窗框的空腔内配以金属加强筋而形成塑钢门窗框，弥补了塑料门窗框抗风压能力较弱的缺点，同时使得塑钢门窗框的断面相对粗大，降低了窗的采光性能。

4）复合型材料门窗框。如今，由单一材质制作的门窗框已经越来越少。门窗框的选材已经趋向于多种复合型材质混合运用。如塑钢（PVC）门窗框、铝包木门窗框等都是发挥了不同材料的优点，到达节能、适用、美观等效果。

（2）玻璃种类

在节能门窗的构造组成部分中，玻璃的材质和性能对于节能的影响可谓是决定性的。玻璃的节能设计主要基于防止热传导、热空气对流和热辐射三个方面。由于玻璃材质其本身的热阻较小，通常节能门窗会采用多层玻璃或者镀膜玻璃的形式增强其保温隔热的性能。主要有以下三种方法：①采用双层或三层玻璃组合的方式。通过两层玻璃之间填充的气体减低门窗整体的导热性能。②在玻璃表面镀上一层反射膜，利用反射膜将太阳辐射热量反射，减少室内辐射量的方式达到提高门窗保温隔热性能的目的。③以上两种方式的结合。多层镀膜玻璃组合的方式是目前导热系数最低的一种门窗玻璃类型，此类玻璃组合采用热量传递的三种方式进行阻隔，实现了最大程度的节能。常用的玻璃材质主要可以分为单片透明玻璃、着色玻璃、镀膜玻璃、Low-E 玻璃、中空玻璃、真空玻璃、节能夹层玻璃等。

1）单片透明玻璃。单片透明玻璃是最常使用的普通玻璃，其对于太阳辐射热的阻挡性能较弱，夏季太阳辐射和室外热量被大量传入室内。仅仅采用单片透明玻璃的门窗导热系数较高，约为 6.4W/（m^2·K）。由于单片透明玻璃的保温隔热性能很差，一般不会直接用于有节能要求的建筑外围护体系中。

2）单片着色玻璃。着色玻璃又可以称为吸热玻璃，它是在玻璃中添加了银、铁、硒等元素的化合物使其具有吸热功能。此种玻璃一般呈现为茶色、深蓝色、灰绿色状态，当外界太阳辐射和热量升高时，着色玻璃吸收其热量，再将热量通过对流和辐射的形式向建筑外部传递出去，减少了进入建筑室内的热量，从而达到节能的效果。与透明普通玻璃相比，着色玻璃导热系数更低、保温隔热方面性能更佳。在夏季，采用着色玻璃的建筑可以比单纯采用普通透明玻璃降低 30% 能耗。着色玻璃在夏热冬暖地区较为适用。

3）镀膜玻璃。镀膜玻璃又被称作为反射玻璃，其原理是通过电浮法等离子交换的方式在玻璃表面附上一层含有金、银、铜、铁、镍等元素的氧化物膜，从而提高玻璃对太阳辐射的反射率。一般镀膜玻璃呈现为茶色、浅蓝色、青灰色或者古铜色。与普通玻璃相比，镀膜玻璃的反射能力高出数倍，一般可到 30%。由于镀膜玻璃的高反射率，不仅将太阳辐射中的紫外线、红外线等不可见光反射，还反射了一部分可见光。镀膜玻璃的使用会部分影响门窗的自然采光性能，同时也应当注意由于热应力而发生玻璃破裂的情形。

4）Low-E 玻璃。Low-E 是表面附有薄且透明的金属氧化物膜，辐射率较低的玻璃。一般普通玻璃的辐射率较高，通常为 0.54 左右，而 Low-E 玻璃的辐射率可以控制在 0.15 以下。辐射率越低则表示通过玻璃的热辐射量越少，Low-E 玻璃的品质也就越高。在炎热的夏季，Low-E 玻璃可以将室外的红外线阻挡在外，而对可见光的阻隔较小。Low-E 玻璃保持室内热环境舒适度的同时对自然采光效果并不弱。Low-E 玻璃对可见光的透射率达到了约 70%。不同等级的 Low-E 玻璃有着高低不等的遮阳系数（*SC* 值），*SC* 值越高代表玻璃对太阳辐射的阻挡越小，因此对于夏热冬暖地区应尽量选用低遮阳系数的 Low-E 玻璃。

5）中空玻璃。中空玻璃是将两块或者多块玻璃间隔开，用密封胶密封好，利用玻璃之间干燥稳定的空气作为隔热层的一种玻璃形式。通常中空玻璃会结合 Low-E 玻璃构造，使玻璃组合的辐射率极低。中空玻璃一般会采用 5、6、8、10mm 不等厚度的玻璃，中间的空气间隔常采用 6、9、12mm 不等。中空玻璃具有较好的隔热保温效果，得益于其玻璃之间封闭的空气层，由于没有对流效应，中空玻璃的导热效率仅为普通玻璃的 1/27。

6）真空玻璃。真空玻璃是将两层玻璃之间先设置高度为 0.1 ~ 0.5mm，直径约为 0.3 ~ 1.0mm 的圆柱体支撑物以胶粘剂固定，然后四周用金属表面固定并在 450℃下加热 15 ~ 60min,将玻璃之间的水分完全蒸发后再用真空泵将玻璃间的夹缝空间抽至真空状态，最后形成真空玻璃组合。真空玻璃一般采用浮法玻璃、夹丝玻璃、钢化玻璃等，并且两片玻璃中至少有一片为低辐射玻璃。真空玻璃的保温隔热原理与保温瓶类似，是通过真空层阻隔了热量的传导，使得建筑内外的热传递量降至最低。

7）节能夹层玻璃。这种玻璃通常选用普通平板玻璃，在两层玻璃之间加透明胶、透明双面乳胶膜、透明膜，再把几层薄膜玻璃粘结成为一组多层复合夹层玻璃。一组多层节能夹层玻璃的外侧常选用一片 Low-E 玻璃。其原理是利用多层薄膜玻璃的太阳热辐射的多次消减来达到隔热、节能的目的。太阳辐射通过节能夹层玻璃时，发生的反射、折射次数越多，则保温隔热效果越好。但节能夹层玻璃的厚度也因此较大。

（3）门窗的缝隙

门窗的缝隙大致可以分为三种：门窗与墙体之间的缝隙、门窗玻璃与门窗框之间的缝隙、开启扇与门窗框之间的缝隙。

门窗与墙体之间的缝隙一般宽度为 10mm 左右。填充缝隙的方法主要是用岩棉或者聚苯保温材料填充后再用砂浆封实；等砂浆硬化之后，再用密封胶补填砂浆缝隙，最终达到填补门窗与墙体之间缝隙的目的。但是在实际的工程之中，门窗与墙体之间的缝隙常被忽视，并没有采取必要的构造措施，填补不到位，造成了能量的消耗，也影响了门窗整体的质量。

门窗玻璃与门窗框之间的缝隙已经是国家相关标准规定需要严格封闭的细节。为了填补这一类的缝隙，一般会采用密封胶条在玻璃的内外两侧分别填塞。但是有些厂家生产的门窗套件对于这类缝隙只用单侧密封胶条填塞，另一侧单靠材料本身结合，这样并不能达到密封性的要求，其封闭性和节能性不佳。密封胶条的材料质量对于密封效果也起重要影响，质量低的密封胶条不仅弹性差、密封性不好，还容易老化、开裂、脱落。合格的密封胶条一般质地均匀，弹性高，无异味，不仅密封性、耐久性好，还具有一定的阻燃性。

门窗开启扇与门窗框之间的缝隙一般也采用密封胶条填塞。同样地，嵌入门窗缝隙的胶条质量决定了这类缝隙的能耗效果。合格的密封胶条在嵌入后，关闭门窗扇可以观察到密封胶条处平整不起皱且不易拉毛。

在各种缝隙的填补中，密封材料起到至关重要的作用。传统的密封材料多采用 PVC 树脂与橡胶混合技术生产，通过控制二者以及增塑剂、抗老化剂、热稳定剂等原料的配比，制造出弹性高、抗老化性强、热稳定性佳的密封胶条。密封胶条可以通过看、闻、拉、摸、烧等方式辨别，优良的胶条有一定的光泽度且不掉色、没有异味，拉伸后能迅速还原不变形、燃烧后的粉末极细不产生颗粒，这样的胶条一般可以使用20年以上。

夏热冬暖地区的节能门窗已经有相当多种类，也具备了一定的保温、隔热的节能效果，但仍有一些关键问题需要注意：①在墙体、门窗组合预制件的设计中选择合适的窗地比，需解决采光通风与隔热遮阳的矛盾问题；②夏热冬暖地区为保持建筑的通透性，应避免采用多层加厚的门窗玻璃组合，需提高门窗的反射率，降低对热量的吸热；③门窗遮阳措施需进一步完善和加强；④门窗的气密性、水密性需进一步提高，门窗框与门窗玻璃之间、门窗框与墙体之间、门窗框与开启扇之间的缝隙应重点强化。

4. 高效的空调系统设备

随着我国城镇化进程的不断推进，不断新建各类建筑，作为建筑不可或缺的暖通空调系统发挥越来越重要的作用。空调系统在满足建筑使用者需要的同时，也消耗了大量能源。有数据显示，我国建筑能耗占全国总能耗的35%左右，空调能耗又占建筑能耗的70%左右。在当前国家大力提倡节能减排的形势下,开展暖通空调系统节能研究十分必要。

（1）设计阶段

1）空调负荷的确定。空调负荷的确定受到建筑外环境和内环境两个方面的影响。建筑外环境包括室外气候、建筑周围绿化以及光环境等。设计人员在确定建筑负荷时应充分考虑这些因素，有效结合当地大气环流因素和地理因素，使得暖通节能设计更加符合节能标准。对于同一城市的建筑存在微环境的不同，比如有的新建建筑周围绿地较多，有的则处于市区建筑密集处，而绿地较多的建筑因为周围下垫面具有较好的吸热功能，可以有效降低对建筑的再辐射，因而夏季的整体负荷是明显降低的。而这些在规范中没有明确给出，设计师在设计时应当留意，因为负荷的大小会对节能带来最直接的影响。

在内环境方面，近年来，随着国家大力推进墙体保温，一大批新型墙体材料被普遍应用在新建和改造建筑上，比如空心砖或空心砌块的使用会比原有的实心砖节能达到一倍以上。因此，若仍然对同一地区采用原有的负荷计算方法，夏季的负荷就有可能增加很多。

2）合理选择冷热源。冷热源选型是暖通空调系统设计的关键性工作之一。一般而言，设备选型应当依据具体的建筑功能、规模、造价、当地能源市场等原则进行。对于毗邻工业生产余热或者热电联产电厂的建筑，可以采用溴化锂吸收式冷水机组作为热源驱动产生夏季需要的冷量，同时为夏季提供生活热水；对于当地有太阳能、风能、潮汐能等可再生能源发电的场所，可以采用电能驱动的高性能蒸发压缩式制冷设备来进行夏季的供冷；对于数据中心这种高能耗、全年需冷源系统，需要综合考虑自然冷源的作用，采用机器制冷和“free cooling（自然冷却）”相结合的冷热源形式。

3）合理的自控系统设计。空调的自控系统与系统的节能性息息相关。比如当室内负荷变化时，提供给房间的冷量需要下降，这是一个全年动态变化的过程。在现有的设计中，空调设计师往往按照夏季设计，不考虑过渡季节，不考虑运行过程中负荷的动态变化。另一方面，在目前的设计体系中，空调专业不负责自控设计，自控专业不负责空调设计，导致空调和自控专业不能达成良好的沟通，整个系统通过自控来完成节能就无从谈起。应当建立专门的设计小组，空调、照明灯能耗部门和自控、电气专业通力配合，充分考虑系统的可执行性、高效率以及节能性。同时，在设计阶段也可以考虑多采用先进的自动控制设备，比如可编程的恒温控制阀可以通过改变程序设定来控制室温。

4）设计管理方面存在的难点。在设计管理方面存在的一些问题会直接导致整个系统的节能效果不理想，但是实际情况中大部分负责对其进行设计的单位以及相关人员却都没有将其列为需要注意的事项。正常情况下，为了加快工作的整体进度，能分配给设计的时间一般都较少。这也就使设计人员在进行工作时有了更多的限制，并且一些关键性的技术问题根本没有时间来针对性地解决，这就导致了在施工完成后系统的运行在各方面的表现上都存在着缺点，尤其是在节能方面。还有一些负责设计的部门只是为了能够加快工作效率，只注重能否更快地将设计完成，而并不注意设计本身是否存在着问题、成品质量能否被保证。这种情况也就使在施工过程中可能会浪费许多资源，完工后在运行过程中也会存在耗能大的问题。一些建筑耗能占比已经远远高出国家标准，在常规情况下系统运行的耗能占建筑总耗能的 20% 已经算是耗能较高的标准，但是一些建筑的空调系统耗能却能占到 60% 以上。同时，因为我国越来越注重能源消耗问题，所以节能技术在飞速进步，新技术不断被推出，每种技术都存在着其自身的优点以及缺陷。因为各种节能技术在表现上存在着差异，所有对其的观点也存在着褒贬不一的情况，这就使设计者在进行相关设计时很难选择。这主要是由于目前缺乏一套具有权威的评价标准，这也就导致了无法从中选择最具有针对性的技术来解决当前的能耗问题，这是在设计过程中最难解决的问题，同时也是需要更加重视的问题。

（2）运行阶段

1）主机节能运行。主机的节能运行主要包括以下几个方面：主机的启停、主机运行台数的控制、主机运行容量的设定与调整。一般而言，机房集控系统会基于以下原因来完成主机的启停：系统的启停要求、加减机请求、前一台主机发生故障。应在对建筑不同场所空调负荷进行详细的调查分析的基础上，寻求最佳启停控制方式，以在满足室内居住者或者工业生产工况要求的前提下，达到节能要求。

2）水泵节能运行。水泵在设计时往往留有余量，而在实际运行时有的仅仅开度为整体开度的 1/2，造成节流损失，而且使得主机的制冷效果不理想，或者单机供冷量不够，或者双机多机在部分负荷下运行，耗电严重。可以考虑采用变频变流量系统，减少输送能耗，明显减低系统能耗。在设计时末端装置流量变化应考虑系统动态平衡和稳定，才能达到最佳效果。

3）水系统节能运行。与水泵系统节能相比，水系统的节能往往被忽略。事实上，水系统存在一些隐性损耗，比如蒸发耗水等水流失、管道保冷效果不理想带来的冷量损失等。在空调水系统中，冷冻水会在排污阀、旁通阀等失效或关不严的时候产生漏水，而冷却塔的水流失则比较明显，主要有蒸发耗水、飞水和排污换水三个部分。冷却水是依靠水的蒸发潜热被空气带走来达到降温效果。通过加大风机风量可以降低冷却塔出水温度，从而降低机组冷凝温度，但冷凝温度的降低并不总是带来机组性能的提升。从整个系统来说，增加冷却塔的风机和水泵的电能消耗，也就增加了系统的整体能耗，不利于节能。

4）运行管理方面存在的难点。在系统运行中对其的管理十分重要。一些单位将重点放在设计上，同时施工也按照具体的要求完成，认为这样就可以达到预期的节能效果，然而却在运行过程中出现了许多没有预料到的问题。这主要是由于他们忽略了对操作人员的素质进行严格的控制，一些操作人员根本就没有相关专业的知识以及经验，这也就决定了在维持系统运行的过程中无法通过对建筑内人数、室外温度等变量的控制来对系统进行合理的管理。或者在管理过程中不严谨或者不及时，这就导致了许多能源在这个过程中被消耗,并且没有创造任何价值。甚至一些单位会外聘一些临时工来担任这项工作，这不仅使节能得不到保障，也使建筑内的人员安全以及生活质量受到了一定的影响，是一种不负责任的表现。据统计，由本身综合素质存在缺陷的操作人员来进行系统的运行管理工作，最严重的可能会使耗能增加一倍以上。所以，有关单位应当注意对操作人员的培养以及任用，不能将专业知识不合格的人员安排在这种相对重要的位置上。

5. 高效的照明系统设备

电气照明是目前最主要的照明方式。照明耗电量占我国总发电量的 11% 左右，并以每年 10% 左右的速度递增。照明系统的节能设计是电气设计的重要环节之一，合理的节能设计将大幅度节约能耗，降低成本。

（1）通过配光实现节能。在照明设计中，可以利用系数法和逐点计算法计算照度。根据利用系数和室空比，合理地利用灯具提高配光效果，从而达到节能的目的。在实际设计中应根据室空比选择合适的灯具：当室空比为 1 ~ 3 时，选择宽配光；当室空比为 3 ~ 6 时，选择中配光；当室空比为 6 ~ 10 时，选择窄配光。此外，还可以将各种照明进行有机结合实现合理配光。

（2）光源的选择。高效光源的选择是实现设计节能的基础。光源的发光效率越高，其能量转化率越高，在同等照明情况下节能效果越好。目前，常用的光源有：白炽灯、荧光灯、金属卤化物灯、高压汞灯和 LED 灯。实际选择时要从发光效率、使用寿命和采购成本等多方面考虑，并要结合使用场地的具体情况。

（3）智能控制系统节能。仅依靠合理配光和高性能光源等措施还不能完全达到节能效果。通过使用智能照明控制系统充分利用自然光源，可以进一步提高自然资源利用率。

智能照明系统的节能控制手段如下：对照明区域进行划分，系统通过调光模块，根据环境和时间自动调整照度，充分利用自然光源，从而达到节能效果；对不重要的场所和经常没有人的场所安装红外感应器和照度感应器，当自然光源满足需求或者没人使用时自动关闭照明。

6. 高效的动力系统设备

（1）供配电系统设计

供配电系统的合理设计，可以在有效降低建筑施工费用的同时，大幅度降低日后的维护及使用费用。在供配电系统的节能设计中应着重考虑以下几个方面：

1）变配电站的布局设计。变配电站的设计应该根据施工主体的各个建筑物分布情况，尽可能靠近负荷中心，减少配电距离，进而减少相应电缆的投入。当建筑面积较大时，可设置多个配电所。此外，配电半径的减少还有利于降低线路损耗。

2）减少线路损耗。对大多数工程而言，其干线、支线等线路的总长度往往超过万米，因此线路上的能耗损失成为不可忽视的重点。由于线路损耗与所用材质的电导率、长度成正比，与线路的横截面积成反比，因此在负荷较大的一、二类建筑中可以采用电阻率较小但价格较贵的铜芯导线；在负荷较小的其他建筑中可采用铝芯导线。对于较长的配电线路，可适当增加一级电缆截面积，从而降低线路损耗。

（2）变压器的节能

变压器是电力系统中用于输配电的主要设备，变压器损耗占电力系统损耗的 10% 左右。变压器的节能设计主要从优选低损耗变压器，匹配适宜的容量等方面考虑。

与常规的变压器相比，新型节能型变压器具有重量轻、损耗低与效率高等优点。目前常用的有 S9、S10 和 S11 等系列节能变压器。该类变压器使用非晶合金材料，与常规变压器相比可降低空载损耗 70% 以上。

（3）电动机的节能

电动机是将电能转化为机械能的设备，主要用于供暖和供水部分。小功率电动机的主要损耗是铜损，可通过适当增加导线横截面积来降低损耗；大功率电动机的主要损耗方式为机械损耗和杂散损耗。电动机耗电量约占建筑总体耗电量的 50%，因此电动机的节能工作是电气设计中的重要环节。

1）电动机的选择。在选择电动机时，应优先选用节能型，目前市售的 YX 系列电动机节能效果较好，比 Y 系列电动机节能 10% 以上。电动机的选择原则主要有：在电动机的散热和防护方面应当与工作环境相匹配；需求容量与电动机容量相近，避免浪费功率；优先选择易于维护、可靠性高并可以互相替换的电动机。

2）用交流变频调速装置。交流变频调速装置可以提高电动机的运行效率。当电动机轻载或空载时，通过降低电动机的频率，调节转速，使其与负载相匹配。在设计时应该根据电动机设备型号选用相应的交流变频调速设备。

3）使用软启动设备。与交流变频调速装置相比，软启动设备价格较低，节电效果较为明显。软启动设备工作时可以对电压进行连续调节，启动过程平稳，适用于装机容量较大，启动较为频繁的水泵类设备。

3.2.2　应用现状

夏热冬暖地区的低能耗建筑技术起步较晚，其技术应用主要集中在经济发达的大型城市的民用建筑中，本书通过分析夏热冬暖地区部分经济发达城市的低能耗建筑技术应用情况，从侧面揭示该地区低能耗建筑技术的发展现状。

1. 外墙

结合夏热冬暖地区公共建筑调研现状，建筑外墙的主要形式包括玻璃幕墙、混凝土小型空心砌块（多孔）、加气混凝土砌块、空心黏土砖（多孔）、灰砂砖、混凝土剪力墙等多种。考虑到夏热冬暖地区建筑外墙传热性能对室内负荷影响相对较小，根据调研结果将传热系数较为相近、热工性能相似的外墙形式进行归类。在此基础上，将外墙形式划分为以下五类：①多孔砖墙：包括采用黏土多孔砖、黏土空心砖等形式的外墙。②混凝土砌块墙：包括采用混凝土小型空心砌块（多孔）、加气混凝土砌块等材料形式的外墙。③玻璃幕墙：指外墙主要材料为玻璃形式的幕墙。④灰砂砖：包括灰砂砖、焦渣砖等形式的外墙。⑤混凝土剪力墙：是指混凝土剪力墙等材料形式的外墙。

（1）墙体形式的应用

不同外墙形式的应用比例　　表 3–1

建筑外墙类型	所占比例
多孔砖墙	11.42%
灰砂砖	1.43%
混凝土剪力墙	23.33%
玻璃幕墙	24.26%
混凝土砌块	34.19%
其他	5.37%

根据对夏热冬暖地区大型公共建筑基本信息的统计，不同外墙形式建筑所占的数量比例如表 3-1 所示，若按公共建筑的类型进行分类分析，则结果如表 3-2 所示。从分析结果可知，夏热冬暖地区公共建筑的外墙形式以混凝土砌块为主。

建筑功能下的建筑材料应用比例　　表 3–2

	多孔砖墙	混凝土剪力墙	玻璃幕墙	混凝土砌块	灰砂砖	其他
宾馆饭店	8.10%	40.54%	17.57%	25.68%	5.41%	2.70%

续表

	多孔砖墙	混凝土剪力墙	玻璃幕墙	混凝土砌块	灰砂砖	其他
机关办公	27.00%	21.17%	17.52%	26.28%	2.19%	5.84%
商场	3.57%	23.21%	33.04%	30.36%	2.68%	7.14%
文化教育	34.48%	3.45%	10.34%	48.28%	0.00%	3.45%
写字楼	0.00%	27.34%	39.84%	43.75%	0.00%	3.91%
综合	0.00%	30.68%	43.18%	38.07%	1.14%	3.41%
医疗卫生	51.75%	20.70%	0.00%	24.10%	0.00%	3.45%
其他	0.00%	19.57%	32.61%	36.96%	0.00%	13.04%

（2）玻璃幕墙的应用

玻璃幕墙是现代建筑摩登化的一种美学追求，是建筑大师追求个性和城市彰显魅力的显著特征。玻璃幕墙在写字楼、综合类建筑以及商场中应用比较多，是一种新型外墙形式，也是追求商业价值的必要前提。玻璃幕墙能够在视觉上和感官上给人以美学冲击，显示出都市化的气息。但是玻璃幕墙存在光污染以及能耗大等问题，需要改善。

从调研结果可以发现玻璃幕墙在不同建筑类型中使用率不同，大量使用玻璃幕墙的有商场、办公、综合建筑，玻璃幕墙以其超越现代化的美感成为众多公共建筑的首选，成为城市标志性的素材。而文化教育和医疗建筑以教学楼为主，多是传统型，窗墙比较小，玻璃幕墙运用较少，且这类建筑多以分体空调为主，自主控制，比较方便（图 3-1）。

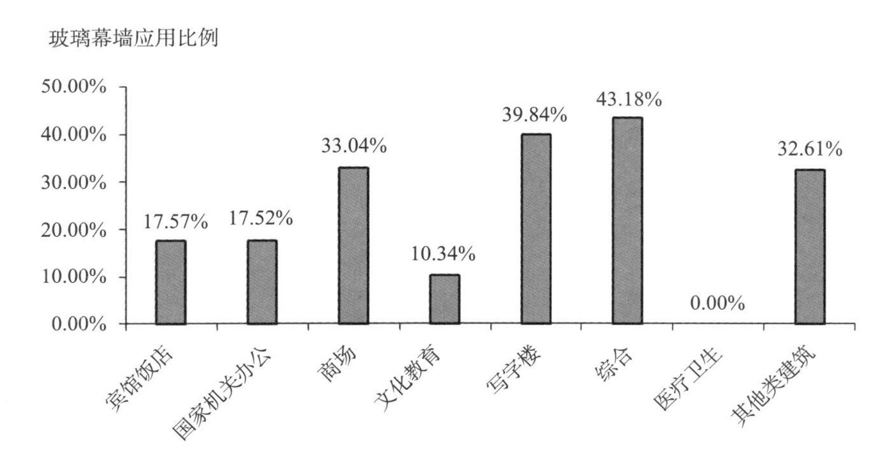

图 3-1　玻璃幕墙在各建筑类型中的应用比例

（3）加气混凝土砌块的应用

加气混凝土砌块是一种目前推广力度较大且热工性能比较优良的外墙材料，其质量比较轻，防火等级比较高（图 3-2）。

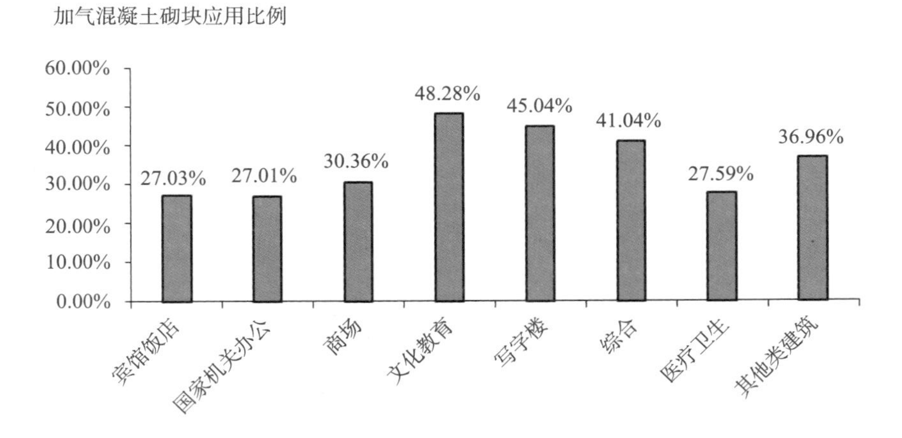

图 3-2 加气混凝土砌块在不同建筑类型中的应用比例

加气混凝土砌块的导热系数比较小，在 0.11 ~ 0.18kJ/（m·h·℃）时，仅为黏土砖和灰砂砖的 1/5 ~ 1/4，为普通混凝土的 1/6 左右。实践证明：厚度为 20cm 的加气混凝土剪力墙的保温效果与 49cm 厚的黏土砖墙体的保温效果相当，当然其隔热性能要远远地好于 24cm 厚的黏土砖墙体。使用这种材料可以使墙体大大减薄，减小结构承重，并且可以扩大建筑的使用面积，节约建筑成本，降低实际工程造价，达到经济性和节能的双重目的。从调查中发现各类型建筑对混凝土砌块的运用比较相似，差别不是很大。

（4）混凝土剪力墙的应用

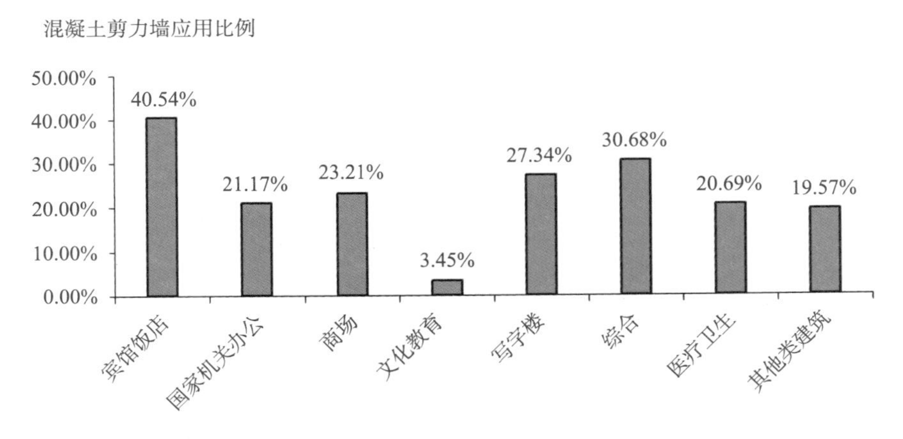

图 3-3 混凝土剪力墙在不同建筑类型中的应用比例

混凝土剪力墙的热工性能和混凝土砌块差距较大，因此单列出来进行分析。从图 3-3 中可以看出，宾馆饭店中混凝土剪力墙运用比较高，是因为这类建筑客房较多，房间功能分区较细。

（5）不同外墙技术的节能效果分析

对采用不同外墙技术的建筑进行能耗统计和分析，结果如表 3-3 及图 3-4 所示。

不同外墙形式下建筑的平均能耗　　表 3–3

不同墙体类型技术	平均电耗（kWh/m²）	建筑总面积（m²）	建筑总电耗（kWh）
玻璃幕墙	128.7	7296531.1	939103410.8
多孔砖墙	112.5	2686610.4	302221336.1
加气混凝土砌块	136.2	8681292.3	1182204768
混凝土剪力墙	151.0	6053120.4	913916313.2
灰砂砖	189.5	423470.6	80265231

围护结构虽然是影响建筑能耗的主要因素，但由于建筑能耗的影响因素众多，情况复杂，实际的调研结果并没有表现出与围护结构相关的规律性。从图 3-4 可见，公共建筑中使用多孔砖墙的建筑单位面积能耗最低为 112.5kWh/m²，而目前被大力推广的加气混凝土砌块的此次调研结果为 136.2kWh/m²，比灰砂砖建筑的能耗低 28.86%。

不同外墙形式下不同类型建筑的平均电耗（kWh/m²）　　表 3–4

建筑外墙形式	玻璃幕墙	混凝土剪力墙	加气混凝土砌块	多孔砖墙	灰砂砖
办公	102.5	104.1	98.9	81.9	143.5
商场	205.3	234.4	210.1	216.9	—
宾馆饭店	150.2	157.6	171.6	117.0	—
综合	124.9	141.4	131.5	117.0	—

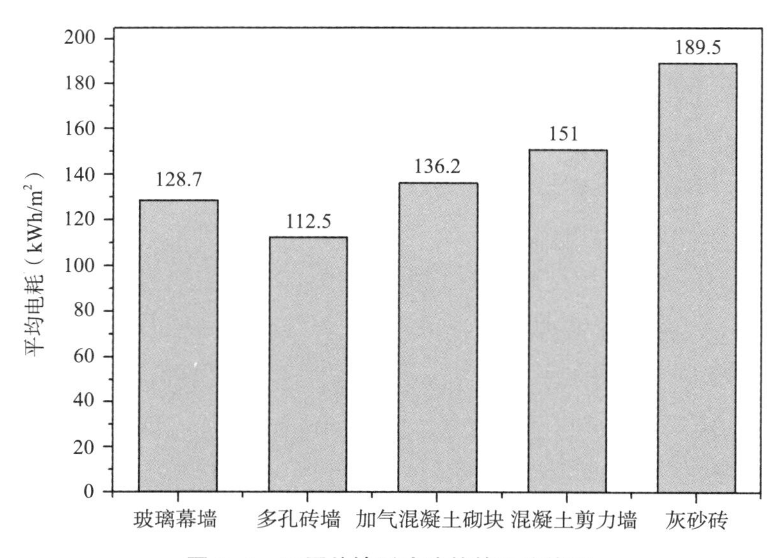

图 3–4　不同外墙形式建筑的平均能耗

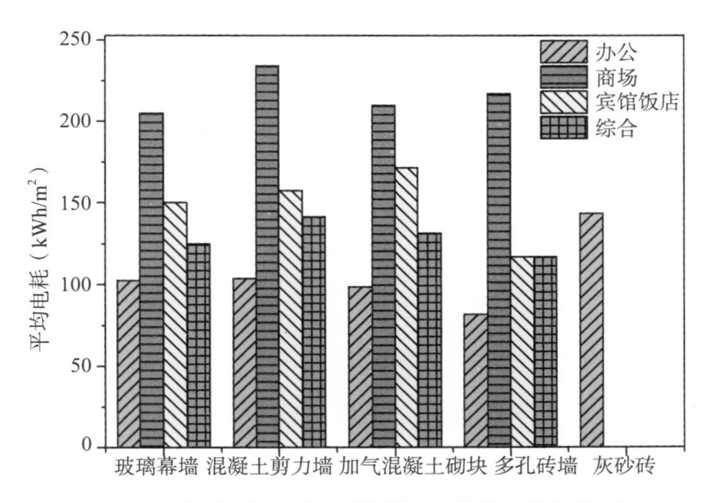

图 3–5 不同外墙形式下不同类型建筑的平均电耗对比

表 3-4 和图 3-5 显示了不同外墙形式下不同类型建筑的平均电耗情况，从中可以看出，商场建筑的能耗整体要高于其他类型建筑，这是由于商场建筑运行时间较长，人流量比较大，空调冷负荷比较大，商场的装潢照明要求高，室外照明能耗也比较大。在商场建筑中使用加气混凝土砌块和使用玻璃幕墙的建筑平均能耗比较低，而玻璃幕墙尽管节能性能远低于多孔砖墙或者加气混凝土砌块，但从调研结果看，采用玻璃幕墙的商场建筑能耗没有明显偏高，说明玻璃幕墙的外墙形式仍可以通过其他节能手段（如采用 Low-E 玻璃等）实现降低建筑能耗的目的。

另外，宾馆饭店建筑这种类型比较适合多孔砖墙，使用多孔砖墙的宾馆饭店建筑要比使用加气混凝土砌块的宾馆饭店建筑节能 25.76%。在办公建筑中，玻璃幕墙、混凝土剪力墙、加气混凝土砌块、多孔砖墙的平均能耗相差不大，使用多孔砖墙的办公建筑要比使用灰砂砖的办公建筑节能 42.92%。

2. 外窗玻璃

建筑外窗玻璃的作用主要有两方面，一是阻隔外界不利的气候环境，二是引入自然光源。采用不同的外窗玻璃，不仅极大地影响着室内空调冷热负荷，而且对室内照明也会存在一定的影响。

根据对夏热冬暖地区建筑外窗玻璃形式进行的调研，其主要包括普通透明玻璃、有色玻璃、镀膜玻璃、Low-E 玻璃以及中空玻璃等。

（1）普通玻璃

主要指普通透明玻璃，这种玻璃最为普通，是一种比较传统的建筑玻璃类型。

（2）镀膜玻璃

包括镀膜玻璃、有色玻璃或者涂膜玻璃。热反射镀膜玻璃是指在玻璃外表面上镀上金属层或镀上金属化合物膜或者有机金属化合物膜，使得这种玻璃呈现出新的热工性能。

这种镀膜玻璃的主要作用是降低玻璃的透光性，限制太阳热辐射的传入。在夏热冬暖地区的夏季，阳光照射比较强烈，热反射玻璃的防热作用比较突出，可以有效地将进入室内的太阳热辐射阻隔在房间的外面，降低室内的太阳辐射得热量。

（3）Low-E 玻璃

Low-E 玻璃在镀膜玻璃基础上再在其表面加镀低辐射材料银以及金属氧化物，使得原来的镀膜玻璃能够呈现出不同的色彩。

（4）其他玻璃类型

除了普通玻璃、镀膜玻璃、Low-E 玻璃外，一些公建还采用了中空玻璃、钢化玻璃、反射玻璃等，统一归为其他玻璃类型。

不同类型的外窗玻璃在建筑中的使用比例如表 3-5 所示。

不同类型的外窗玻璃在建筑中的使用比例 表 3–5

玻璃类型	所占比例
普通玻璃	49.03%
镀膜玻璃	31.91%
Low-E 玻璃	9.12%
其他	9.94%

（1）镀膜玻璃在不同建筑类型中的应用

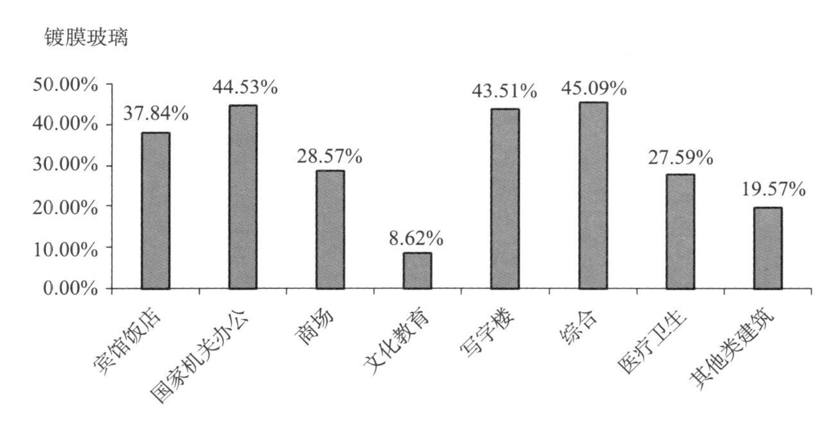

图 3–6 镀膜玻璃在不同建筑类型中的应用

从图 3-6 所示调研结果可以看到镀膜玻璃在宾馆饭店、办公、综合建筑中运用的比例较高，镀膜玻璃以其良好的性能在公共建筑中进行推广，节约了能耗。而文化教育建筑多是相对来说年代久一些的建筑，且整体能耗较低，由于教育资金等原因进行改造的可能性较小，因此文化教育类建筑多以普通白玻璃为主，而镀膜玻璃和 Low-E 玻璃较少。

（2）Low-E 玻璃在不同建筑类型中的应用

Low-E 玻璃即低辐射玻璃，是指在玻璃的表面上镀上金属或者金属化合物等能够阻隔热辐射的膜系玻璃制品。Low-E 玻璃是镀膜玻璃的一种特殊类型，其镀膜层对可见光具有高透性而对红外线等具有热辐射的光线具有高反射的特性。Low-E 玻璃与普通玻璃、传统的镀膜玻璃相比具有更好的透光性和隔热效果。由图 3-7 中可以看出在写字楼建筑中使用 Low-E 玻璃的比例较高，这类写字楼大多为商业办公性质，新兴建筑比较多，一些业主为了建筑的美观等原因而选择 Low-E 玻璃。

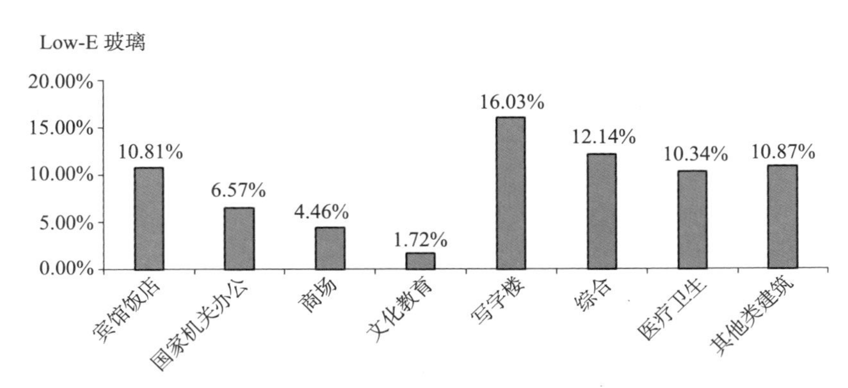

图 3–7 Low–E 玻璃在不同建筑类型中的应用

（3）其他玻璃在不同建筑类型中的应用

其他玻璃类型中比较常见的就是中空玻璃，这种玻璃在北方比较常见，隔热、隔声性能比较好，但应用在南方地区不是很广泛，从图 3-8 中可以看出，在文化教育类建筑中其他玻璃类型使用比例比较高，学校类建筑以多层为主，说明在多层建筑中使用中空玻璃或者钢化玻璃为主。

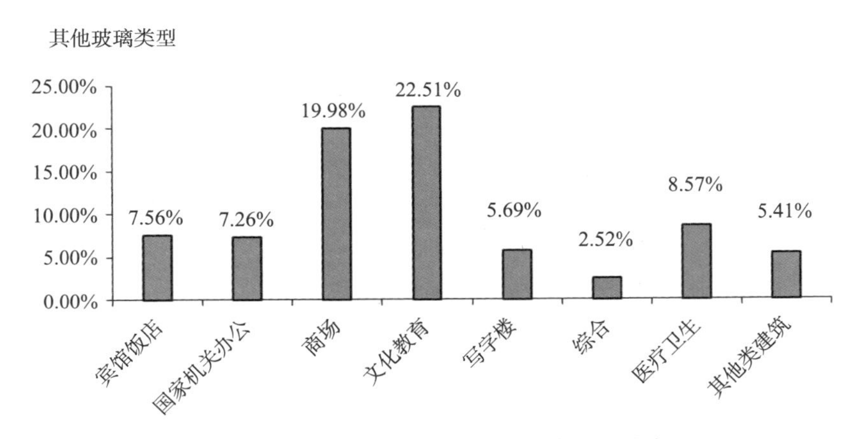

图 3–8 其他玻璃类型在不同建筑类型中的应用

（4）普通玻璃

普通玻璃就是指正常情况下的白玻璃，这类玻璃性能比较稳定，最为普通，在各类建筑中的使用比例差别不大（图 3-9）。

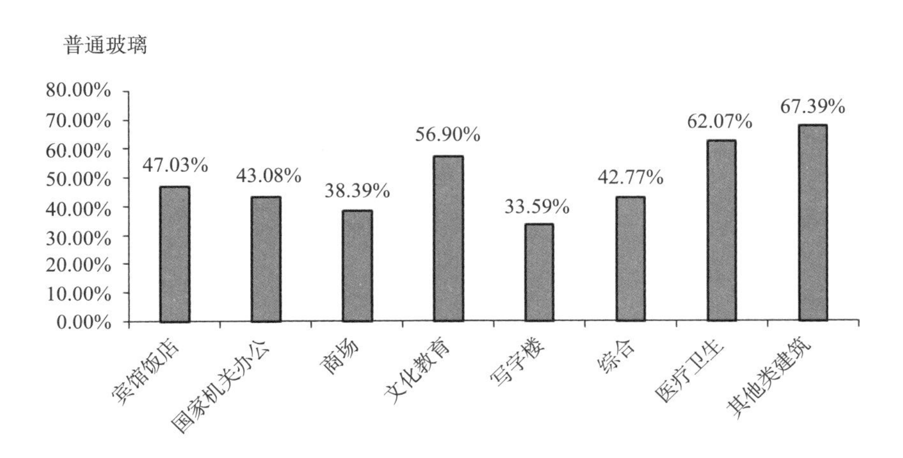

图 3–9　普通玻璃在不同建筑类型中的应用

（5）镀膜玻璃的节能效果分析

图 3-10 显示了采用镀膜玻璃的四种建筑类型的单位面积能耗与总体平均能耗水平的对比情况，从图中可以看到，除了综合建筑外，其他三种使用镀膜玻璃建筑都比该类型中总的平均能耗低，降低的幅度约在 3 ～ 5 kWh/m^2 之间。图 3-11 显示了不同建筑类型采用镀膜玻璃的节能率，最高为商场建筑，达到 6%，节能效果十分显著。

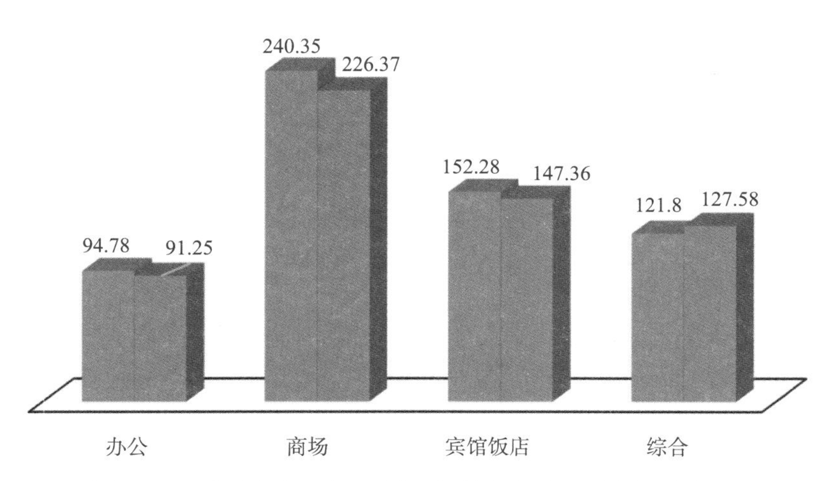

图 3–10　采用镀膜玻璃建筑的平均能耗与总体平均能耗的对比

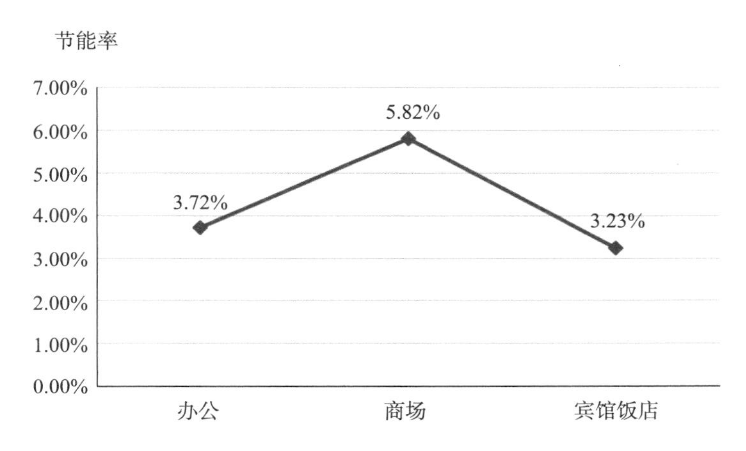

图 3-11 采用镀膜玻璃技术的节能率

3. 遮阳技术

夏热冬暖地区由于夏季太阳辐射强烈，且持续时间长，对室内的冷负荷形成较大压力，而作为在各个地区都可以利用的节能技术——遮阳技术，一方面能够阻隔夏季室外太阳辐射，减小室内的空调冷负荷，提高人体热舒适性，同时外遮阳技术又不影响建筑的夜间散热，能够大幅度降低白天室内空调能耗；另一方面遮阳技术在阻挡室外太阳辐射的同时又把光线给阻挡了，不能够充分地利用自然采光，特别是在阴天的情况下，建筑固定外遮阳对室内的自然采光影响严重，这又会增大建筑的照明能耗，因此针对照明能耗和空调能耗之间的矛盾需要对建筑的遮阳进行优化。

建筑遮阳形式按遮阳装置安装的位置，可分为内遮阳与外遮阳两种，其中，内遮阳技术主要作用是遮挡太阳光，避免太阳能直射对室内人体热舒适性的影响，但由于太阳辐射能够进入室内，因而，对空调能耗的节能效果并不显著；外遮阳作为门窗节能设计的重要措施，可以有效降低建筑能耗并且改善人居的光、热环境，能够直接将太阳辐射遮挡在外面，大幅度减少夏季室内太阳辐射得热，在提高人体热舒适性的情况下，也能够大幅度降低空调冷负荷，减少空调系统能耗，与内遮阳相比，节能效果更为显著。但由于遮阳技术使用形式需要综合考虑多方面因素，除人体舒适性与建筑节能需求外，还需要综合考虑经济性、安全性以及建筑整体美观程度，这也造成了不同建筑遮阳技术形式的差异。

根据调研结果，内遮阳和外遮阳的应用比例如表 3-6 所示。

公共建筑按遮阳类型划分样本建筑基本情况 表 3-6

建筑遮阳类型	所占比例
内遮阳	72.42%
外遮阳	29.32%

（1）外遮阳在不同建筑类型中的应用

用建筑外遮阳，能够为室内提供理想的热舒适环境，同时有利于人们提高生活质量，在工作和学习中提高效率，建筑外遮阳通过减少室内冷负荷从而可以减少制冷量，外遮阳的作用还有保护隐私、防盗、避免或者减少眩光等。采用建筑遮阳对减少空调制冷的能耗具有重要作用。图 3-12 显示了不同建筑类型使用外遮阳的比例，从图中可以看出各类建筑使用外遮阳的比例普遍在 30% 以下，总体而言使用外遮阳的建筑比例相对较少。

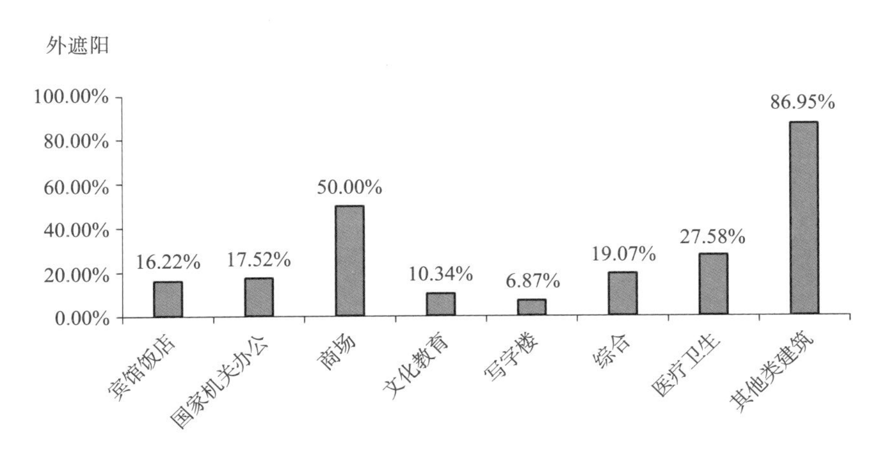

图 3-12　建筑外遮阳在不同建筑类型中的应用情况

（2）内遮阳在不同建筑类型中的应用

内遮阳一般包括内遮阳软卷帘、百叶等。内遮阳简单易行，比较容易推广，但是其不足在于，当太阳辐射热或者冬季的寒风进入到室内，对室内的空气环境造成一定的影响后，需要使用能源将其“搬出”，把游离于外窗与内遮阳设施的热空气“搬出”室外。从这一点上来说内遮阳不如外遮阳好。图 3-13 显示了不同建筑类型使用内遮阳的比例。

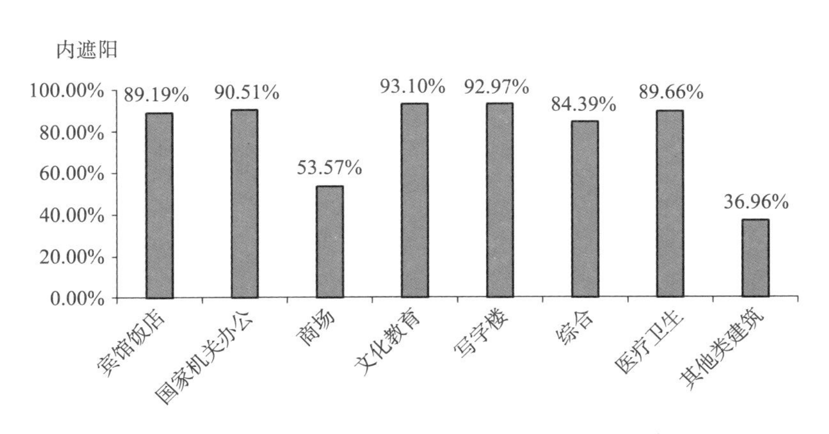

图 3-13　建筑内遮阳在不同建筑类型中的应用情况

（3）外遮阳技术的节能效果分析

对外遮阳技术在不同类型建筑中的应用进行能耗统计和分析，结果如表 3-7 及图 3-14 所示。从中可见，使用了外遮阳建筑的能耗普遍要低于该类建筑的平均能耗，每平方米的建筑能耗节能率如图 3-15 所示。可见外遮阳技术的节能率可以达到 12%，是十分值得推广的低能耗建筑技术。

不同建筑类型下使用外遮阳建筑与总建筑能耗对比表 表 3–7

建筑类型	总的平均能耗（kWh/m^2）	使用外遮阳能耗（kWh/m^2）
办公	94.78	88.8
商场	240.35	211.61
宾馆饭店	152.28	138.98
综合	121.8	112.05

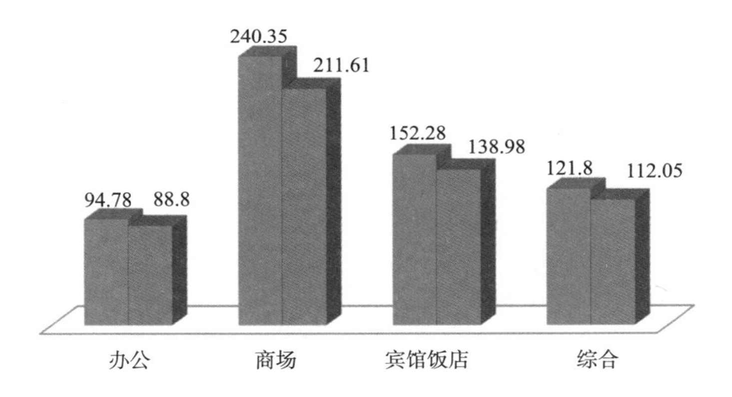

图 3–14 使用外遮阳建筑平均能耗和总体平均能耗对比

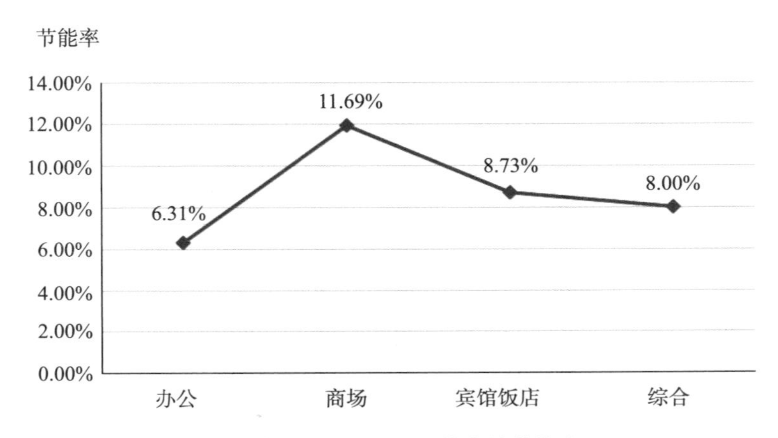

图 3–15 使用外遮阳技术的节能率

4. 小结

从上述分析可知，夏热冬暖地区的低能耗建筑技术应用正处于上升期，各项被动式节能技术都有一定程度的应用，其中墙体材料目前应用最多的是混凝土砌块，占 34.19%。外窗玻璃仍然以普通玻璃为主，几乎占了一半，其次为节能率可以达到 6% 的镀膜玻璃，比例为 31.9%，而节能效果最好的 Low-E 玻璃应用比例仅为 9%，尚需提高。统计数据表明，外遮阳技术具有良好的节能效果，但目前在公共建筑中的应用比例不到 30%，这与其增量成本较内遮阳技术高可能存在一定的关系。

3.3 工程示范

在低能耗技术的应用上，广东省采取“示范引路、以点带面”的工作思路，在条件较好的城市开展试点示范工作。“珠江城”“广东省建筑科学研究院检测实验大楼”“深圳证交所”“广州保利花园”等项目均是具有影响力的建筑节能示范项目。广西壮族自治区在建筑工程设计项目中，将绿色建筑的理念以及各种技术措施整合到建筑设计的方案中，因地制宜地设计出健康、环保、经济的绿色建筑、节能建筑与可再生能源规模化建筑应用项目并为其提供相关的技术支撑服务。成功打造了“南宁市科技馆”“广西建筑科学研究设计院科研实验楼”“桂林市建设大厦”等数十个低能耗公共建筑示范项目。

3.3.1 佛山城市动力联盟大楼

佛山城市动力联盟是佛山地区首个国家级绿色生态节能示范工程。大楼位于华南地区中部，珠江三角洲腹地佛山市南海区广佛 CBD 中心千灯湖板块，也是广东金融高新区 C 区，是一座现代化绿色生态办公大楼。建筑总投资近 4000 万元，总用地面积 4497m^2，总建筑面积 21511m^2，楼高六层。

建筑采用了多项低能耗建筑技术，包括多空间组合式自然通风技术、综合遮阳与建筑造型完美结合技术、可再生能源建筑应用集成技术、节水技术、多空间多层次景观绿化技术等，实现了建筑综合节能率达到 62.4%。另外，该大楼通过精心的科学研究、工程设计和成本控制，达到三星级绿色建筑的增量成本仅约为 498.3 万元、即 231.65 元 /m^2，比全国同级别的绿色建筑减少了约 40%，可谓低成本的三星级绿色建筑。

城市动力联盟项目的实施，通过对各项绿色建筑系统技术的应用，在广东省特别是佛山地区起到了很好的示范带头作用，为低能耗建筑技术在建筑中的规模应用与推广起到了借鉴参考与指导作用（图 3-16）。

图 3–16 佛山城市动力联盟大楼

3.3.2 广东省立中山图书馆

广东省立中山图书馆是省级综合性公共图书馆，2003 年，广东省立中山图书馆改扩建项目一期工程经广东省政府批准立项，总建筑面积 7.63 万 m^2，项目总投资 32865 万元。整个工程以崇尚生态、优先节能、厉行俭约、富集人文为亮点，充分体现了当代建筑现代、自然、人文三大核心价值观。

整个项目是一个系统的节能工程，在提高围护结构热工性能和空调、照明系统的工作效率，以及加强智能控制等技术措施进行节能的同时，利用太阳能光伏系统并网供电减少对市电的用量，太阳光伏发电额定功率达 181kWp，年发电量可达 260000kWh。雨水收集面积达 2 万 m^2，每年可节约用水近 2 万 m^3，约占全年绿化需水量的 56%。通过上述既有建筑节能改造和可再生能源建筑应用，建筑综合节能率可达到 68.5%。该项目荣获广州市建筑节能示范工程、广东省绿色建筑示范工程、“十一五”国家科技支撑计划——可再生能源与建筑集成技术示范工程、国家既有建筑改造示范工程等多个示范工程称号，是低能耗建筑的典范（图 3-17）。

图 3–17 广东省立中山图书馆

3.3.3 深圳建科大楼

深圳建科大楼地处深圳市福田区梅坳三路，用地面积 3000m^2，总建筑面积 18170m^2，地下 2 层，地上 12 层。深圳建科大楼以气候适宜性为原则，创新运用共享设计，以精宜之道为手段从设计源头解决绿色建筑技术关键问题，减少高成本主动式技术的应用，有效降低建造成本，摒除绿色建筑是高成本建筑的误区，形成可复制、可大规模推广的绿色建筑技术体系。其最大的特色在于绿色技术集成利用。

（1）基于气候和场地条件的建筑体形与布局设计。通过风环境和光环境仿真对比分析，建筑体形采用“凹”字形。结合“凹”字形布局和架空绿化层设计，设置开放式交流平台，灵活用作会议、娱乐、休闲等功能，以最大限度利用建筑空间。突破传统开窗通风方式，建筑采用合理的开窗、开墙、格栅围护等开启方式，实现良好的自然通风效果。

（2）基于建筑体形和布局的本土化、低成本被动技术应用集成。办公空间采用遮阳反光板 + 内遮阳设计，在适度降低临窗过高照度的同时，将多余的日光通过反光板和浅色顶棚反射向纵深区域。利用适宜的被动技术将自然采光延伸到地下室，设置光导管和玻璃采光井（顶）。

（3）主动技术与被动技术的集成应用。如自然通风与空调技术结合，自然采光与照明技术结合，可再生能源与建筑一体化，绿化景观与水处理结合等。

该工程建筑节能率达到 65% 以上，可再生能源利用率占大楼总能耗的 5%，可节约常规电能约 120 万 kWh/a，折合标煤 450t/a，减排二氧化碳 1197t/a；非传统水源利用率达到 50% 以上，中水回用系统每年节约用水量为 5583t，即每年使污水排放量约减少 5583t。项目全年可节约运行费用 118.5 万元（图 3-18）。

图 3–18 深圳建科大楼

3.3.4 福建省绿色与低能耗建筑综合示范楼

福建省绿色与低能耗建筑综合示范楼位于福州市，项目总用地面积 6621m^2，总建筑面积约 7500m^2，楼高 24m，共 7 层。本项目依据福州气候特点，立足于福建省建筑节能及绿色建筑发展的基本条件，整合当地的资源优势，将夏热冬暖地区适宜的低能耗技术应用到建筑中，于 2012 年通过了三星级绿色建筑认证。

项目在建筑设计构思时，充分借鉴了福建省院落式传统建筑的特点，采用合院式庭院形式，有利于自然通风、采光和遮阳。围护结构设计方面，项目屋顶采用种植屋面作为保温隔热措施，并配合无机保温砂浆，实现屋面节能。建筑外遮阳设计方面，项目采用了多种形式的活动外遮阳形式，如垂直卷帘遮阳、斜伸臂遮阳帘、中置空调百叶遮阳等，均可以依据需要进行全开、全关、部分开启等动作调整，满足隔热、采光和视觉舒适要求。高效空调系统与可再生能源应用方面，采用水源多联式中央空调，同时设有全热交换新风机，回收排风中的能量，减少新风负荷；整个空调系统使用灵活、高效节能。太阳能热水系统安装集热器面积 128m^2，晴天日平均产 55℃的热水 4.6t，屋顶安装有 6.9kWp 的光伏矩阵，使光伏板与屋顶天窗结合，真正做到了一体化设计，设计年发电 6900kWh，约占大楼耗电量的 2.1%。通过分析计算，本项目综合节能率达 70.99%。

项目注重本地适宜绿色建筑技术及建材的采用，能够为当地建筑节能和绿色建筑提供较好的示范作用，有利于新型建筑材料和建筑技术的发展和推广，具有较好的社会效益（图 3-19）。

图 3–19　福建省绿色与低能耗建筑综合示范楼

3.4　存在问题

3.4.1　能耗水平不高，但室内环境品质有待提升

众所周知，建筑节能与舒适性是一对矛盾体。极端的节能意味着牺牲建筑的舒适性，而极端的舒适性意味着建筑能耗的飙升，建筑低能耗技术的发展需要平衡好节能和舒适性这一对矛盾体，寻找出两者的最佳平衡点。但是，随着国家经济的发展和社会的进步，人们对舒适性和室内环境品质的要求越来越高，这给建筑节能带来了很大的难题，也是低能耗建筑技术需要解决的问题。

从 2.3 节对夏热冬暖地区公共建筑的能耗现状的分析可知，实际上该地区公共建筑的能耗水平并不算十分高，低能耗建筑技术在该地区也有一定程度的发展和应用。但是，人们对于公共建筑的室内环境品质，尤其是大中城市中的公共建筑，普遍存在不满现象。也就是说，在夏热冬暖地区的公共建筑中，虽然能耗的控制具有一定的成效，但牺牲了室内环境品质，这并不符合低能耗建筑的发展宗旨。我们在低能耗建筑的概念中已经明确，夏热冬暖地区的低能耗建筑，应该是在满足人们对室内环境品质要求以及舒适性要求的前提下，尽可能降低建筑能耗的建筑形式。因此，在低能耗建筑技术的研究及推广中，应该充分考虑如何保证高品质的室内环境。

1. 声环境

公共建筑中的噪声主要分为室外噪声与室内噪声。室外噪声声源主要是室外交通噪声，例如位于城市中心区的高层办公楼，由于城市交通干线数量密集，加之玻璃幕墙、铝板等光面材料的使用，容易形成回声，造成较强的室外噪声干扰。室内噪声声源则主要来自人们的交谈声、走动声、设备噪声等，室内噪声源多且室内各墙面、顶棚的吸声性能有限，以及开放空间的设计等都为室内噪声的控制带来很多困难。有学者对北京、广州、深圳等城市的公共建筑进行了调研分析，结果表明，在影响室内环境的“照明”“噪声”“温度”和“室内装修”等因素中，“噪声”是人们最不满意的。

在高噪声的环境下，人们很难集中注意力，工作效率较低，长期如此，甚至会对健康产生不利影响。因此，在公共建筑设计时有必要考虑声环境的营造，从外到内、从整体到局部，加强外围护结构的隔声性能，形成合理的建筑布局，人员常驻区域远离机房、电梯井等噪声源，同时加强室内各构件的吸声能力，营造安静的室内环境。

2. 光环境

对于低能耗公共建筑而言，成功的光环境营造应该是尽可能利用天然光，而不是只依靠照明灯具，因为照明灯具的大量使用会带来建筑能耗的提升。众所周知，天然光具有光效好、显色性好、观感舒适等众多优点，天然光的引入是低能耗建筑设计中不可忽视的重要因素。但是在实际的公共建筑中，天然光的引入存在很多问题。有关调研结果表明，室内光环境是在声环境之后，排在第二的让人最不满意的环境因素。

阻碍公共建筑引入天然光的原因有很多，譬如现代公共建筑的外围护结构多为玻璃幕墙，这一设计可以为室内靠窗侧提供较好的光照效果，但部分建筑在设计时过于注重外形，在大面积运用玻璃幕墙时却忽略了外遮阳的设计，导致靠窗区域由于太阳光直射而亮度过高，被迫使用室内遮阳帘挡住部分光线；另一方面，城市中心高楼密集，大量幕墙玻璃的应用也容易造成太阳光反射，形成光板，导致高楼之间互相影响，形成了无论哪个朝向都需要拉下遮阳帘的问题。

建筑室内光环境另一个存在的问题是光照均匀性差。现代公共建筑多为核心筒结构，且进深较大，靠内位置大多依靠人工照明，而靠窗区域由于过亮，往往采用遮阳帘减少光线引入，浪费了良好的天然光资源。更严重的是，由于光照均匀性的问题，靠窗区域依然全天开灯，且少有建筑将室外天然光和室内照明做到联动控制，从而造成电能浪费。

可见，对于低能耗建筑而言，天然光的引入以及照度均匀化成为光环境营造的重要问题，室内光环境的设计已经从过去简单的提供照度、亮度转变为需要综合考虑室外景观、室外天然光、室内照度、光照舒适度等多方面因素，只有综合考虑各种因素，并将其与建筑设计融为一体，才能更好地创造出宜人的室内光环境。

3. 热环境

热环境是影响人体舒适度的一个重要因素，许多国家都对室内人体的热舒适性进行了研究，并建立了一系列的标准，如国际标准化组织的 ISO 7730 系列标准，美国的 ASHRAESS 系列标准以及我国的 GB/T 5701—2008 等，说明随着社会的发展，人们对建筑的舒适性、健康性越来越重视。

影响人体热舒适性的因素主要有以下几个方面:空气温度、空气相对湿度、气流速度、环境平均辐射温度、人体代谢率、服装热阻等，其他因素还有年龄、性别、心理状态等。在不同状态下，人们对舒适性的要求并不一样。

目前，大部分公共建筑都采用集中式空调系统对室内空间进行供冷，控制室内温湿度，但是由于室内气流组织形式或者室内布局不合理，冷热不均的现象普遍存在，其中一个明显的表现就是吹风感。吹风感是人体对气流组织、气流运动不可接受的体现，是指由于气流运动造成的不想要的局部冷作用。吹风感会导致人体局部不舒适或者某个区域不舒适，从而严重影响室内热舒适性。

而且，气流组织不好还会影响建筑的能耗，例如在远离出风口或者处于建筑角落的区域，由于冷空气无法到达，只能通过调低空调温度或者增加额外的制冷设备，以满足其热舒适性需求，导致其他区域温度过低，不但增加了额外的能耗，室内热环境也没有满足多数人的舒适性要求。

另外，相关研究表明，人体的舒适温度并不是一个稳态值，而是会随外界环境温度的波动而变化，当所处环境温度变化时，人体会采取自我调节手段来改善自身的热状态，并通过生理和心理上的调整去适应改变的环境，因此，在建筑室内热舒适调节过程中，室内温度不应控制为定值，而应根据当地的热舒适气候适应性模型对室内温度设定值进行动态优化。这种动态调节室内温度的方式，一方面有利于减少空调房间的室内外传热，降低空调系统的能耗；另一方面，可最大程度降低室内外温差，避免由于空调房间与室外环境之间的巨大差异所引起的人体不舒适，这是一种更加自然和健康的热舒适环境调节方式。

4. 空气品质

随着社会的进步和生活方式的改变，人们在室内生活、工作的时间越来越长，室内的空气质量会直接影响人的身体健康。室内空气污染源很多也很复杂，包括室内装饰材料、化妆品、空气清新剂等化学品、烟气、人体新陈代谢物，以及各类微生物、细菌等。从美国国家职业安全与卫生研究所的调查分析可知，影响室内环境的因素及构成比为：通风不足（占比 53%）、室外污染（占比 10%）、生物污染（占比 5%）、建筑材料污染（占比 4%）和其他污染（占比 13%）。

有学者对广州市区公共场所（包括星级宾馆、普通旅店、文化娱乐场所、商场、办公室等等）的室内空气品质进行了监测，结果表明，CO 监测合格率为 97.3%，CO_2 监测合格率为 94.7%，甲醛监测合格率为 93.1%，PM2.5 监测合格率为 93.3%，空气细菌总数合格率为 94.2%。可见，公共建筑的室内污染物主要为甲醛和 PM2.5，这一方面是由于各种室内装修材料的运用及监管力度不足，另一方面是由于大气污染日益严重。

要改善室内空气品质，除了各种过滤设备外，公共建筑中的空调系统，尤其是新风系统也起着重要的作用，新风的引入能够稀释室内污染物浓度，降低对人体的危害。然而，在实际的公共建筑中，新风系统的设计不合理和运行管理不当，引起了很多室内环境问题，包括新风量设计值过小；新风口位置设计不当（靠近污染源）；气流组织不佳导致新风无法送入指定区域；新风口与排风口距离太近导致新风未充分发挥作用便被排出；新风系统清洗不及时导致通风效率降低；空调系统换热器盘管、肋片滞留冷凝水滋生细菌，并通过管道形成大面积散播等，这些都直接影响着室内环境质量。

因此，在公共建筑的设计和运营中，应十分重视新风系统，加大新风的“质”与“量”，以保证良好的室内空气品质，提高公共建筑的健康性能，为人们提供良好的室内空气环境。

3.4.2 人们的舒适性要求在不断提高

前面提到，舒适性的保证也是建筑低能耗技术的发展难点之一，随着社会经济的发展进步，人们对室内环境的舒适性要求越来越高，对于公共建筑而言，更大的问题在于不同的建筑类型有不同的功能以及不同的受众群体，意味着不同类型的公共建筑有不同的舒适性要求，这给低能耗技术的发展也带来了很大的麻烦，低能耗技术的普适性受到很大的限制，必须根据不同的建筑类型以及人们不断发展的舒适性需求发展新的低能耗建筑技术。

热环境是建筑物理环境的重要组成部分，人体与室内环境之间保持热平衡，是保证室内人体健康与舒适的首要条件之一。室内热环境是否舒适，一方面取决于人体本身的运动状态、着衣情况、年龄、性别等主观因素，同时还受室内空气温度、湿度、气流速度、环境辐射温度等物理要素的影响（表 3-8）。

室内热环境舒适性指标　　表 3-8

活动强度	环境类型	操作温度（℃）	相对湿度（%）	风速（m/s）
一般活动强度房间	通风环境	18 ~ 29℃	40% ~ 80%	≥ 0.3*
		18 ~ 26℃	40% ~ 80%	

续表

<table>
<tr><th>活动强度</th><th>环境类型</th><th>操作温度（℃）</th><th>相对湿度（%）</th><th>风速（m/s）</th></tr>
<tr><td rowspan="2">一般活动强度房间</td><td>空调环境</td><td>24 ~ 26℃</td><td>40% ~ 80%</td><td>＜ 0.3*</td></tr>
<tr><td>风扇环境</td><td>26 ~ 30℃</td><td>40% ~ 70%</td><td>0.4 ~ 1.2</td></tr>
<tr><td rowspan="3">高强度房间</td><td>通风环境</td><td>⩽ 22℃</td><td>40% ~ 80%</td><td>—</td></tr>
<tr><td>空调环境</td><td>20 ~ 22℃</td><td>40% ~ 80%</td><td>＜ 0.3*</td></tr>
<tr><td>风扇环境</td><td>22 ~ 26℃</td><td>40% ~ 80%</td><td>0.5 ~ 2.0</td></tr>
<tr><td rowspan="4">睡眠房间</td><td rowspan="2">通风环境</td><td>⩽ 29℃</td><td>40% ~ 80%</td><td rowspan="2">⩾ 0.3*
＜ 0.3*</td></tr>
<tr><td>⩽ 28℃</td><td>40% ~ 60%</td></tr>
<tr><td>空调环境</td><td>26 ~ 28℃</td><td>40% ~ 60%</td><td>＜ 0.3</td></tr>
<tr><td>风扇环境</td><td>28 ~ 30℃</td><td>40% ~ 70%</td><td>0.4 ~ 1.2</td></tr>
</table>

注：·指在过渡季和夏季典型风速和风向条件下可开启窗全部开启形成的室内风速平均值。

综合考虑各种热舒适影响因素，国外相关研究者提出了有效温度（Effective Temperature，简写 ET）、新有效温度（New Effective Temperature，简写 NET）、标准有效温度（SET）、预测平均热感（PMV-PPD）指标等概念和方法。我国学者在总结工程建设室内热湿环境营造实践经验的基础上，参考了 ISO 7730、ASHRAE55 等，提出我国民用建筑室内热湿环境的评价方法，包括人工冷热源热湿环境评价和非人工冷热源热湿环境评价两部分，采用计算法、图示法、问卷调查法等得到预计平均热感指标（PMV）、预计不满意者百分数（PPD）等指标值进行评价。

结合国内外对室内热舒适相关研究的结论，考虑人的活动强度和夏热冬暖地区建筑室内环境存在的几种类型，得到室内热环境舒适性下几个物理指标推荐值，如表 3-8 所示。

1. 办公建筑的热舒适性需求

国内外针对办公建筑热舒适性已有诸多研究。在国外，有学者在美国旧金山湾区的冬夏季利用现场调查的方式，对 10 处典型办公建筑的热舒适性进行了研究，得到这个地区冬季热中性温度为 22.0℃，夏季为 22.6℃，80% 可接受的温度为 20.5 ~ 24.0℃。也有学者在泰国曼谷经过对比采用自然通风和空调的办公建筑的热舒适性，指出空调建筑中可接受的空气温度上限为 28℃，自然通风建筑比空调建筑高 3℃。还有学者对澳大利亚的办公建筑开展现场研究，得到了冬夏两个季节的热中性温度分别为 20.3℃和 23.3℃。在国内，有学者对天津的居住和办公类建筑的热舒适性进行了现场调查研究。结果表明，天津居民对环境变化的敏感程度和实测中性温度值均高于预测值，并且不满意率低于 ASHRAE 标准的人体热舒适区，说明当地人们对热环境要求低，更容易满足。还有学者针对天津某办公建筑进行研究，得出了天津地区办公建筑的中性温度为 26.04℃、可接受温度上限为 29.34℃和期望温度为 25.17℃。

通过以上研究可以看出，国外对办公建筑的热舒适性要求普遍高于国内。此外，国内办公建筑不同功能空间（如办公室、大堂）可接受的室内温度范围不同。对于一般办公室，可接受的舒适温度范围为 24 ～ 27℃；对于大堂，可接受的舒适温度范围为 26 ～ 28℃。办公室的舒适温度要求要略高于大堂，这是由于大堂多数情况下属于由室外高温环境过渡到室内舒适环境的空间，人们一般不会长期逗留。而当人体从较高温度的室外环境进入相对较低温度的室内空调环境时，室内外的温差能带来明显的舒适感，因此对大堂舒适性温度的要求较低。

2. 酒店建筑的热舒适性需求

酒店建筑的功能区间更多，热舒适性需求更为复杂。在国内，有学者通过对深圳某高级酒店进行热舒适性分析，提出客房的室内设计温度可取 26℃，温度控制范围确定在 24 ～ 27℃之间，无论是西餐厅，还是酒楼餐厅，其设计温度都可取 24℃，而控制温度设置在 22 ～ 25℃。根据估算，夏季室内设计计算温度提高 1℃，空调工程投资额将可降低 6% 左右，运行费用将可节省 8% 左右。还有学者综合考虑热带海岛地区的气候条件与酒店建筑自然通风的现状，提出了反映各因素变化的人体热舒适评价模型，并利用评价模型进行计算得出：当酒店内人员为坐姿，着单衣时，计算得到的中性温度为 29.2℃，室内温度高于中性温度 1.64℃，在热舒适性范围内，室内环境为舒适。

通过以上研究可以看出，酒店建筑不同功能空间（如客房、大堂、餐厅、健身房等）可接受的室内温度范围不同。对于一般客房，可接受的舒适温度范围为 25 ～ 28℃；对于大堂，可接受的舒适温度范围为 26 ～ 28℃；对于餐厅，可接受的舒适温度范围为 22 ～ 25℃；对于健身房，可接受的舒适温度范围为 20 ～ 22℃。大堂属于与室外交界的短暂活动空间，因此舒适性温度要求最低；一般客房多用于休息，因此舒适性要求较普通办公空间略低；餐厅属于人员密度大且室内热源较多的场所，故舒适性温度要求较高；健身房属于人员高强度活动场所，散热量大，因此舒适性温度要求也最高。

3. 医院建筑的热舒适性需求

医院是设有住院部、门诊部、行政管理部门和各种诊疗辅助部门，由医、药、护理、检验等各个科室为广大群众治病防病的场所。随着我国综合国力的日益增强，人民生活水平的不断提高，人们对医院环境的要求也越来越高，在医院建筑环境中，患者作为其主体服务对象，由于自身的健康原因，对环境的要求可能更加严格。2002 年爆发的 SARS 疫情让医院环境问题进入了人们的视野，医院环境问题也日益成为暖通空调工作者关注的热点问题。

大型综合医院建筑内部布局往往非常复杂，形成大面积的建筑内区；功能分区严格，小面积房间数量庞大；不同科室或功能的房间、区域对环境的要求差异较大；易感人群高度集中、多种病原并存。大型综合医院的以上特点决定了其 HVAC 系统不同于其他公共建筑，综合医院的 HVAC 系统不仅要给患者和医护人员提供一个舒适的就医和工作环境，而且已经成为治疗疾病、减少感染的一种重要的技术保障。

病房是医院最基本的组成部分，其重要性和特殊性主要体现在以下几点：第一，占地面积大。2008 年版《综合医院建设标准》中指出，住院部用房占总建筑面积的 39%，是医院重要的组成部分。第二，室内人员复杂，进出病房的包括：患者、医生、护士、探视人群、陪护、勤杂人员等。第三，患者在病房内停留时间长。我国的患者平均住院时间是 10 天，如果是中医治疗，住院时间为 31.2 天。健康人在日常生活中，工作、起居等会变换不同的场所，而住院患者则不同，饮食、起居、治疗等大部分时间处于病房内，病房内的空调有时需要全天不间断运行，因此病房内的热环境直接关系到患者的治疗与康复。

在国内的相关研究中，通过主观调查和热环境测试，对病房室内热环境和患者热感觉等分析得出以下结论：

（1）普通病房患者的冬季实测中性温度为 21.3℃，夏季为 24.8℃；冬季的热期望温度为 22.3℃，夏季为 25.1℃。患者的期望温度高于中性温度，患者倾向于中性偏暖的环境；与其他建筑类型的健康人群相比，患者冬季实测中性温度较高，夏季实测中性温度较低。

（2）冬季和夏季的实测 80% 可接受温度范围分别为 18.1 ~ 25.5℃和 21.9 ~ 28.4℃。与其他建筑类型的健康人群相比，病房患者的 80% 可接受温度范围更宽，对室内温度变化的热敏感程度小，病房空调设计与运行时需要考虑到住院患者不同于健康人的热环境需求。

4. 过渡空间的热舒适性需求

一般公共建筑中都存在从室外过渡到室内的空间：如办公与酒店的大堂、教育文化建筑的半开放走廊等。另外，某些建筑中空调房间和无空调房间并存，其连接空间的热环境与室内室外之间的过渡空间类似。人体对热环境变化的适应与光环境、声环境类似，变化过大会引起身体不适。

关于过渡空间的热环境舒适需求，《民用建筑供暖通风与空气调节设计规范》GB 50736—2012 中有规定："对于人员短期逗留区域空调供冷工况室内设计参数宜比长期逗留区域提高 1 ~ 2℃"。但对于夏热冬暖地区，有学者通过研究发现：3℃温差的人员舒适性和可接受度更好，因此人员短期逗留房间和区域的室内操作温度上限宜比一般活动强度房间提高 1 ~ 3℃。

在炎热的夏季，如采用空调系统，夏热冬暖地区建筑室内外温差常大于 6℃，如果人从室外直接进入室内，如此大的温差可能造成身体不适，因此可适当提高过渡空间的设计温度，将过渡空间的空气温度保持 29 ~ 30℃，形成温度差为 3℃的热环境梯度变化，一方面提高热环境舒适性，另一方面还能节省空调能耗。

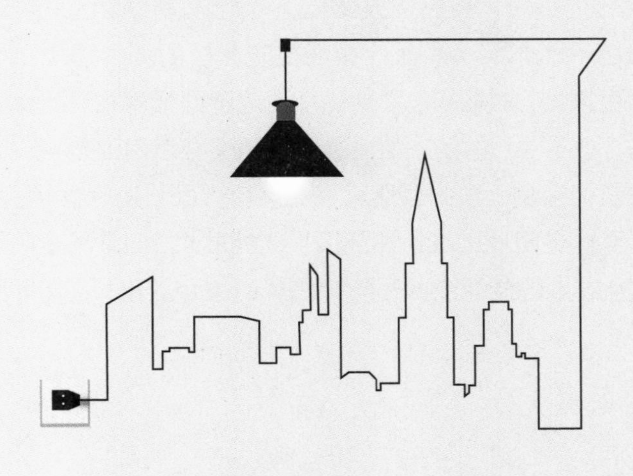

4

关键适宜技术分析

低能耗建筑应满足能耗水平和舒适度两方面要求，在技术上充分利用顺应环境气候的设计，辅以主动优化的措施，控制建筑能耗，营造舒适的生活工作环境。考虑到夏热冬暖地区相关影响要素和人的行为特征，按照建筑营造的基本程式，本书提出低能耗建筑的关键技术包括六个方面：一是基于室外热环境改善的规划布局优化技术，即通过规划布局，降低城市热岛，改善微气候；二是通透与遮挡综合运用的建筑设计，进行合理的空间分区，传承传统建筑的被动手法，营造通透、灵动活泼的建筑空间；三是适宜性的围护结构性能设计，基于夏热冬暖地区特性保证围护结构散热；四是基于热舒适提升的热环境营造与控制技术；五是高效的能耗设备和管理模式的综合运用；六是可再生能源应用（图4-1）。

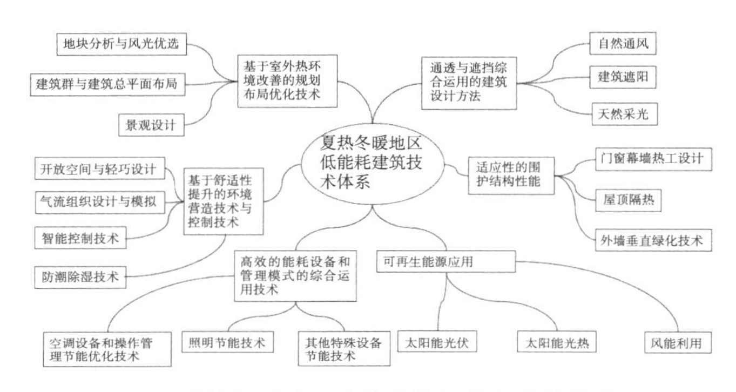

图 4–1　夏热冬暖地区公共建筑低能耗关键技术导图

4.1　基于室外热环境改善的规划布局优化技术

4.1.1　地块分析与朝向优选

如果项目有充分的选址自由，应考虑环境对建筑的影响，选择热环境较好区域进行建设，对于夏热冬暖地区，场地应有良好的自然通风条件；同时应考虑建筑对环境的影响，尽量选择在生态不敏感区或对区域生态环境影响最小的地方。

在多数情况下，建筑选址受多方因素影响，场地限制条件较多，建筑布局规划应充分考虑地块的地形地貌、现状植被、水文土壤特征。规划布局阶段应开展朝向优选，采用科学的分析方法，借助软件模拟技术，分析场地的风环境、日照条件等，进行建筑的布局规划。

【应用介绍】

中山大学附属第一（南沙）医院位于南沙区明珠湾区起步区横沥岛尖西侧，北邻横沥中路，西邻番中公路，南邻合兴路，东邻三多涌及规划路。通过场地风光热环境综合优化、优化选择植物物种、遮荫率控制、场地北侧和西侧主干道沿线采取植物选型配合等降噪措施，营造舒适的室外活动空间。如图 4-2 所示。

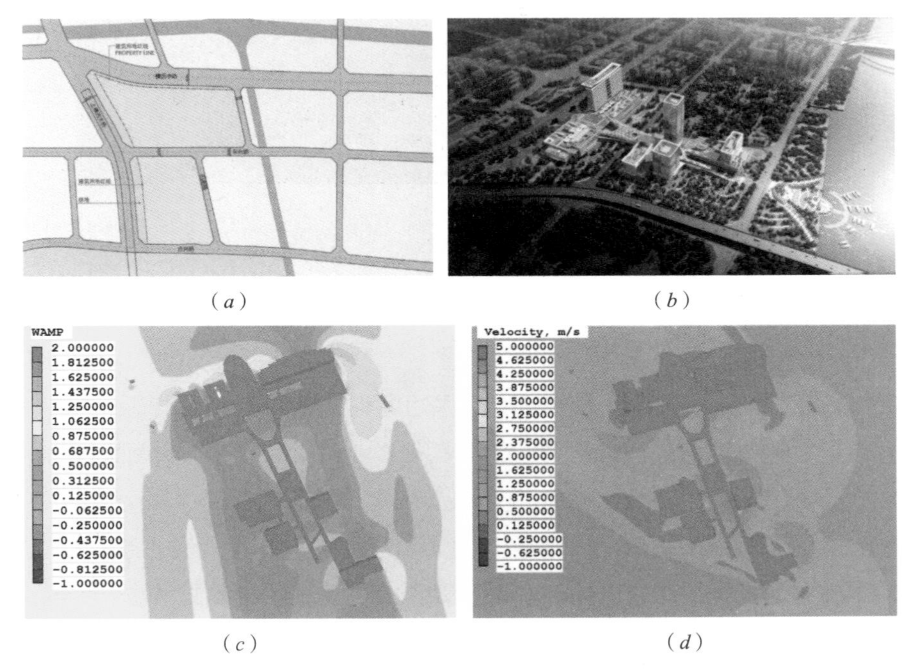

（*a*）（*b*）（*c*）（*d*）

图 4–2　中山大学附属第一（南沙）医院选址分析

（*a*）项目区位图；（*b*）项目效果图；（*c*）冬季室外风速分布图；（*d*）夏季室外风速分布图

4.1.2　建筑群与建筑总平面布局

重点分析建筑形态朝向以及建筑之间的间距、高度关系和排列方式。在形态方面，应与周围环境及建筑保持协调统一。建筑之间的间距、高度应满足当地城市规划要求，同时应保证日照和通风。考虑到夏热冬暖地区太阳轨迹特点，一般选择南向为建筑主朝向，结合具体地块进行合理偏转，街道朝向与主导风向呈 20° ~ 30° 夹角，同时考虑主次主导风向的影响。建筑之间的排列方式应充分考虑相互遮挡关系，对行列式、周边式、混合式、散点式等排列方式方案进行比选研究。

【应用介绍】

广州市气象监测预警中心位于番禺区大石街南大路工业一路 68 号，为地下 1 层地上 4 层的低层建筑物，地上建筑分为 A、B 两栋单体。项目借鉴优秀的岭南建筑应对地域环境、气候，体现文化意境的处理手法，建筑物南北向布置，规划布局上有效组织场地内的自然通风，利用坡地地形，使建筑物西侧立面被山坡所遮蔽，完全避免了西晒造成的能耗问题。通过开敞的布局，利用冷巷和天井组织和诱导通风、与庭院结合形成怡人的办公环境等方式，营造出静逸、舒适的富于文化韵味的建筑环境，以低技、乡土的建筑处理手法实现了节能、生态、环保的绿色建筑的设计目标。如图 4-3 所示。

（a）　　　　　　（b）

图 4-3　广州市气象监测预警中心总体平面布局

（a）项目规划总平面示意图；（b）项目效果图

4.1.3　景观设计

低能耗建筑室外景观设计要遵循以人为本的原则，以热岛强度降低、微气候改善为导向，充分利用本地植物。景观设计时应为通风创造最大的通路，避免大面积的硬质地面，控制地面的热反射率。

岭南传统园林景观设计手法可以在室外热环境改善方面起很大的作用。岭南园林以水为主，围绕水配置亭、廊、楼、桥、山，最为突出的是岭南丰富的植物。水面、植物和亭子、廊道的荫凉，可以改善室外热环境（降低热岛强度），水面还可以用来蓄积雨水。树荫、亭子及廊道较为荫凉，利于人在其中休息、行走，亭子、廊道还利于避雨和行走时不被雨淋，这些元素都可以为休闲提供良好的环境。丰富的植物使得所在区域空气清新，风景迷人。

【应用介绍】

中山大学附属第一（南沙）医院项目景观设计与海绵城市相结合。南区和北区的硬质铺装尽可能采用透水铺装，增加雨水渗透率，减少积水。透水铺装面积比例不小于50%。部分绿化采用雨水花园和下凹式绿地，缓慢吸纳调蓄雨水，促进下渗，下凹式绿地面积比例不小于30%。各栋单体建筑均合理采用屋顶绿化，增加隔热效果的同时改善屋面环境，绿化形式包括常规覆土绿化和铺装式绿化，在北区设置屋顶农场等，丰富员工生活。如图 4-4 所示。

图 4-4　中山大学附属第一（南沙）医院绿化景观设计效果图

广州市气象监测预警中心利用开挖地下室的土方，采取削高填低的平衡土方的方法，通过地景式的建筑形象，创造性地还原场地的丘陵自然地貌，辅以岭南植被达到嵌入自然环境中的地景式建筑形象。在屋顶设置空中花园，同时在中庭采用大面积的绿化，选择植物时采用包含乔、灌木的复层绿化，天井设计有垂直绿化，采用形态较小的单元式植株搭配组成富有层次感和艺术感的绿化墙，在改善建筑区域热环境的同时，也与周边景观设计达到了协调一致的艺术效果。如图 4-5 所示。

图 4–5　广州市气象监测预警中心绿化景观设计实景图

（*a*）　　（*b*）

（*c*）　　（*d*）

图 4–6　深圳证交所的景观设计

（*a*）抬升裙楼效果图；（*b*）复层的空中花园实拍图；（*c*）冷却塔外围护构件垂直绿化设计；（*d*）首层庭院绿化实景图

深圳证交所在外观设计上有一个抬升基座（裙楼），解放了在地面上占用的空间，并同时支撑和创造了另一个空中的空间。抬升裙楼的设计，节约了城市地面空间，再辅以层次丰富的绿化措施，拉近了市民与建筑的距离，还给城市以宝贵的绿化空间，体现了浓厚的社会责任感和美好的人文关怀。首层广场北侧冷却塔外围护构件设计有垂直绿化，采用形态较小的单元式植株搭配组成富有层次感和艺术感的绿化墙，在改善冷却塔周边热环境的同时，也与周边景观设计达到了协调一致的艺术效果。该大楼整体绿化的景观设计，既能切实增加绿化面积，提高绿化在二氧化碳固定方面的作用，改善屋顶和墙壁的保温隔热效果，又可以节约土地。可以形成富有层次的城市绿化体系，为使用者提供遮阳、游憩的良好条件，及改善建筑周边良好的生态环境。如图 4-6 所示。

4.2 通透与遮挡综合运用的建筑设计方法

在确定建筑选址和总平面布置后，建筑方案设计在低能耗建筑营造方面尤为重要。适应夏热冬暖地区气候和热工要求的有关元素可归纳为遮阳、隔热、通风、抗风、防潮几个主要方面，因此结合现有建筑设计方法，本书提出“通、透、导、挡”的被动设计手法。所谓“通”,即实现室内外空间联通;所谓“透”,即形成散热路径的顺畅;所谓“导”,即对光、风等要素的引导;所谓“挡”，即建立适当的遮阳措施，阻隔室外热量传播。“通、透、导、挡”被动手法的运用，主要体现在以下几个方面。

4.2.1 自然通风

由于天气炎热时间非常长，通透是夏热冬暖地区建筑被动式设计的重要手法，不管在传统建筑还是现代建筑中都十分重视自然通风。自然通风不仅有利于营造舒适的环境，还有利于降低建筑能耗。空调房间四周围蔽，自然通风房间需要与室外联通，因此自然通风房间与空调房间的室内热环境有显著差异。空调房间室内气候各因素的变化较为稳定，而自然通风房间室内气候各要素受室外气候各因素变化的影响和制约较大。

另外，夏热冬暖地区春夏之交室外空气温度较高，湿度大，建筑室内表面温度低，当室外空气进入室内时，空气中的水蒸气很容易达到饱和态而从空气中析出，造成室内表面结露，引起墙体发霉。避免室内泛潮的有效途径是不让室外空气进入室内，也即是关门关窗，一方面室内冰冷，另一方面室内空气不新鲜，室内空气质量差，因此微通风技术使用十分必要。建筑微通风系统能够根据室内人员活动情况调整送风量的大小和工作模式，运行高效节能，并可以有选择地进行自动除湿处理，在保障室内人员健康、舒适的同时，还可以防止室内泛潮、发霉。

近年来，随着人们对减少传统空调制冷系统的使用、降低建筑能耗的关注，大量国内外学者对自然通风方式下建筑室内热舒适性开展大量研究。研究结果表明，适宜的自然通风可减缓人体对热环境的敏感度，改变人们对建筑室内舒适度的要求。

良好的室内通风效果主要依靠建筑前后合适的风压差，而这不仅有赖于建筑的科学布局，建筑平面布局也起到了关键作用。进深过大的建筑平面是不利于自然通风的，所以“工”字形、“凹”字形、“一”字形、“T”形、“L”形、“C”形等建筑平面应该把进深控制在 14 m 以内。岭南建筑方位讲究坐北朝南，朝向要求南北通透利于自然通风，门窗相对的房间注意组织穿堂风，“穿堂风”是夏热冬暖地区解决潮湿闷热和通风换气的主要风环境形式。同时，室内可采用双边开窗自然通风，单边距外窗在 6m 范围以内，可以感受到自然通风的效果，因此应尽量少设计大体量方盒子形状的建筑。

1. 室内自然通风优化设计措施

建筑平、剖面设计主要是由使用功能决定的，但其形式对室内的通风效果有决定性影响。良好的平、剖面设计，可以利导室内空气流通，有效降低室内温度，洁净空气，提高室内环境舒适度。通过布局手段达到环保节能的目的，符合被动式设计原则。就平面通风设计而言，房间门、窗是主要的进出风口，其平面和竖向位置直接影响通风效果。犹如电流一样，房间通风也存在“短路”问题。当进风口与出风口太靠近时，房间的通风效果最不理想，出现大面积的通风死角。所以，尽可能使气流沿长路线流动，有利于房间空气流通，从而消除通风死角。室内自然通风优化设计措施包括：

（1）建筑总平面布局和建筑朝向有利于夏季和过渡季节自然通风。外窗可开启面积不小于 30%，透明幕墙可开启面积不小于 10%。主要功能房间的通风口宜为双侧对角线布置，避免单侧开口，以便形成穿堂风。

（2）采用流体力学模拟软件对项目的室内自然通风情况进行模拟，以确保在现有设计方案情况下，在过渡季典型工况下主要功能房间平均自然通风换气次数不小于 $2h^{-1}$ 的面积比例不小于 95%。

（3）借鉴其他地方传统民居的气候适应性经验。岭南地区的平面纵向狭长而形成“冷巷”，在材料、建筑形式、空间布局上与地域特点密切相关，并有效地适应了岭南地区气候特点，在有限的生产力水平下，创造了相对舒适的建筑室内环境。岭南传统聚落中常见的厅堂与过廊的组织以及排风口的设置就是利用风压效应来组织通风的，相邻的空间差异是加快气流流通的主要原因。而热压的利用是通过温度差的变化，造成空气密度的不均匀来形成冷热空气的交换，从而达到通风目的，同样也是通过空间组合的变化来完成的。因此，建筑的剖面关系非常重要，合理的建筑竖向设计，有利于加强热压通风的效果。比如：加大出气口与进气口之间的垂直距离，像传统的老虎窗、高侧窗；大型公共建筑，可引入中庭空间模式，在中庭天窗基部设排风口；或单独设置通风塔，加大风口的高度，从而加强热压通风效果。此外，位于上风向的建筑可以采用底层架空的形式，对于改善区域局部的通风环境能够产生明显的效果。

【应用介绍】

深圳证交所的建筑设计利用玻璃幕墙的可开启部分促进自然通风；办公塔楼通过高窗和低窗通风换气，建筑幕墙具有可开启部分或设有通风换气装置，主要单元幕墙可开启面积比例达到 26.23%。如图 4-7 所示。

图 4–7　深圳证交所幕墙单元可开启部位实景图

广东省建科大楼各标准层均设置有开启外窗，采用平开窗方式，且整个建筑外窗可开启比例不小于 30%。建筑主要朝向充分结合了外门窗洞口位置、通道等，通过建筑内部合理的空气流场分布，提高房间热舒适性。在各主导风向下的过渡季节自然通风工况下，进行标准层室内风模拟，室内平均风速在 0.3 ~ 1.4m/s 之间；通风效果良好。另外，考虑到噪声因素，部分幕墙底部设有幕墙自然通风器，内部加装吸声棉，可在不打开窗户的情况下通风换气，并防止雨雪、昆虫、噪声等进入室内，让室内空气持续循环，保证室内空气的新鲜。如图 4-8 所示。

（*a*）　　　　（*b*）

图 4–8　广东省建科大楼自然通风设计

（*a*）标准层东西向开窗示意图；（*b*）幕墙通风器实景图

2. 室外自然通风优化设计措施

室内自然通风的效果不仅取决于外窗的位置以及可开启面积的大小，同时受到室外风环境的制约。科学合理的建筑布局可以增大建筑物的前后风压差，为室内的自然通风提供有利条件，从而达到降低能耗的目的。室外通风优化设计措施主要包括：

（1）基地选址应当避开空气污染源常年主导风的下风向，以保证新风的质量；在规划中应尽量考虑绿化隔离带，以利于净化空气，避免城市交通等次一级的空气污染；尽量利用基地周边的天然生态环境因素，如江河、湖泊、湿地、公园、森林等，引导自然风。

（2）应在建筑群体的主导上风向留出开口，形成开放式布局，避免阻挡风的通过路径，而在建筑单体设计上可采用退层、局部挖空等处理手法引导通风。

（3）建筑间距及密度。通过技术经济比较，选择合理的建筑密度。单体间距宜控制在 0.9 ~ 1.1*H*（*H* 为主导风上游单体的平均高度），建筑密度宜小于 40%。

（4）合理选择建筑朝向，使得主导风向与典型朝向单体南立面法向之间的夹角在 15° ~ 75° 之间，一方面可以利用单体立面产生室外导风效应，另一方面又可以在单体立面产生一定的风压差，促进室内自然通风。

（5）应通过通风模拟软件对现有建筑方案进行评估，保证冬季建筑物周围人行区距地 1.5m 高处，风速小于 5 m/s，风速放大系数小于 2，夏季建筑周边不出现旋涡和无风区。

【应用介绍】

广州市气象监测预警中心的外窗主要采用条形推拉窗，开启比例超过 30%，少量采用的玻璃幕墙具备可开启面积，可开启面积比例不低于 5%。天井、冷巷、敞厅的拔风、诱导通风作用使在室外无风的状态下，室内形成良好的自然通风气流，满足了公共空间的舒适度要求，同时空调的使用率较同类办公建筑大大降低。根据全年主导风向下不同高度风压的模拟分析，建筑各朝向之间风压差在 1.5 ~ 4.5Pa 之间，在保证开敞公共空间通风效果的同时，在开窗的情况下，室内也可获得良好的自然通风条件。如图 4-9 所示。

3. 节能效益

自然通风是一个低成本的被动冷却技术，有助于减少建筑冷负荷，改善室内热舒适度。当室外温度低时，可通过通风获得室外冷空气，降低室内空气温度，以及建筑物的结构温度，尤其是蓄热性好的建筑，夜间通风可以使得第二天的室内空气温度降低及温度波峰延迟。但自然通风降温受室外气候和环境条件影响大，需要因地制宜地进行利用。

相关研究成果表明，对于公共建筑，自然通风节能率在换气次数达到 $10h^{-1}$ 之前变化明显，换气次数达到 $40h^{-1}$ 后，变化幅度平缓。因此，从自然通风节能率角度分析，自然通风节能效果显著时建筑所需的最小换气次数为 $10h^{-1}$，此时自然通风节能率最大可以达到 14.81%。

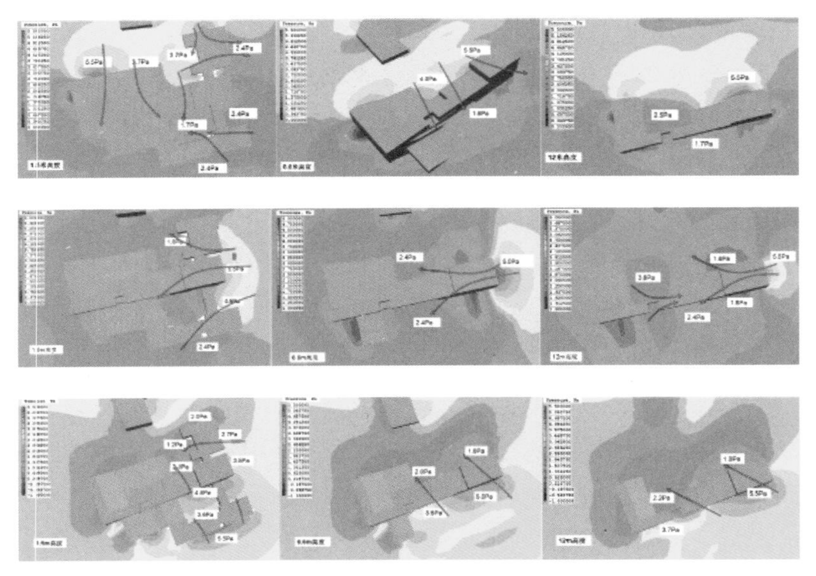

图 4–9　广州市气象监测预警中心自然通风效果模拟

通风换气次数达到 $40h^{-1}$ 以后，自然通风节能率增加极缓，此时自然通风节能率最大。因此，换气次数 $40h^{-1}$ 可作为判定自然通风节能潜力值的标准。换气次数为 $40h^{-1}$ 时，公共建筑的自然通风节能潜力达到 26.99%（表 4-1）。

公共建筑不同通风换气次数能耗模拟结果比较　　表 4–1

换气次数（h^{-1}）	1.00	10.00	20.00	40.00	60.00	80.00
全年累计冷负荷指标（kWh/m^2）	249.28	212.35	186.32	181.98	180.25	178.49
空调耗电量（kWh/m^2）	99.71	84.94	74.53	72.79	72.10	71.40
空调耗电量节能率	0.00	14.81%	25.26%	26.99%	27.69%	28.40%

4.2.2　建筑遮阳

建筑遮阳技术主要指建筑外遮阳技术，夏热冬暖地区夏季炎热且持续时间长，建筑遮阳能遮挡不利的直射阳光，减少传入室内的太阳辐射热量，从而降低建筑能耗，有利于防止室温升高和波动，避免夏季室内过热，对降低建筑能耗，提高室内舒适性发挥着重要作用。

目前我国关于夏热冬暖地区公共建筑遮阳有以下要求：

《公共建筑节能设计标准》GB 50189—2015 第 3.2.5 条：夏热冬暖、夏热冬冷、温和地区的建筑各朝向外窗（包括透光幕墙）均应采取遮阳措施；寒冷地区的建筑宜采取遮阳措施。当设置外遮阳时应符合下列规定：

（1）东西向宜设置活动外遮阳，南向宜设置水平外遮阳；

（2）建筑外遮阳装置应兼顾通风及冬季日照。

1. 固定外遮阳

随着科技的进步，涌现了越来越多的遮阳材料，遮阳形式也越来越丰富，其分类方法也多种多样，根据遮阳构件相对于窗口的位置不同，可分为内遮阳、中间遮阳和外遮阳。从遮挡太阳辐射的角度来讲，外遮阳措施的效果最优，是可以安设于公共建筑外立面及屋面上较理想的设施。适用于窗户外的固定外遮阳有四种基本方式，即水平式遮阳、垂直式遮阳、综合式遮阳和挡板式遮阳。

（1）水平式遮阳

水平式遮阳是最为常见的遮阳形式，适用于南向及其附近朝向窗口，或北回归线以南低纬度地区北向附近的房间，可以有效遮挡高度角较大的直射阳光。水平式遮阳可以形成横向的延伸感，经过形式变换在立面上形成了不同的层次，增强了光影效果，被广泛运用于建筑立面造型设计中（图 4-10）。

图 4–10　水平式遮阳

（2）垂直式遮阳

垂直式遮阳在建筑遮阳设计中也是应用较广的遮阳方式。它能有效遮挡太阳高度角较小、从窗口侧斜射入的阳光，但对高度角较大并且从窗口上方投射下来的阳光，或者日出、日落左右时水平入射的阳光，几乎不起任何遮挡作用，通常设置在窗口两侧垂直方向。垂直式遮阳方式多适用于东北、北、西北向及附近朝向的窗口（图 4-11）。

（3）综合式遮阳

综合式遮阳也称为格栅式遮阳，是将水平式遮阳和垂直式遮阳组合起来的一种综合遮阳方式，因此两者的优点兼具。综合式遮阳能有效遮挡高度角中等、从窗口顶部和侧面射下来的阳光。它的遮阳效果均匀，主要适用于东南或西南向窗户遮阳（图 4-12）。

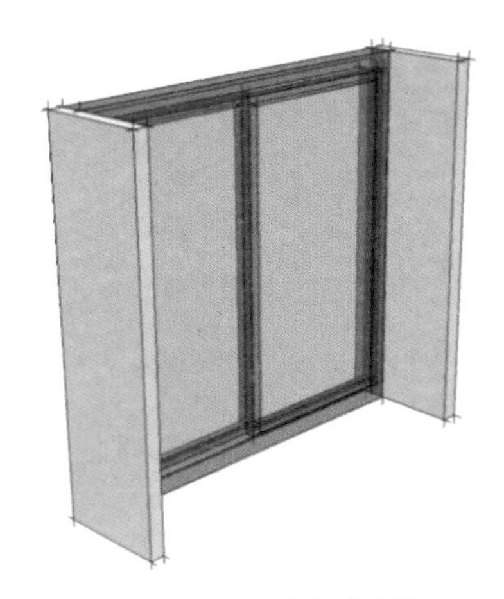

图 4-11　垂直式遮阳

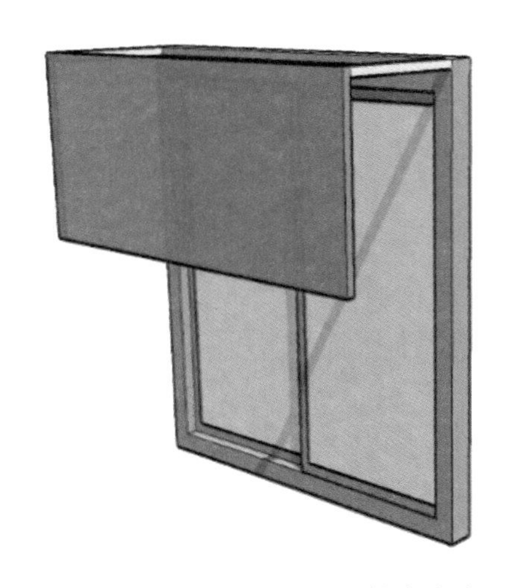

图 4-12　综合式遮阳

（4）挡板式遮阳

挡板式遮阳是平行于窗口设置的一种遮阳方式，它能够有效遮挡高度角较小、正向射入窗口的阳光，主要适用于东、西向附近的窗口遮阳。但挡板式遮阳对通风、采光等有较大影响，故设计成可移动或开启等活动式的更为方便。挡板式遮阳分为横百叶挡板式和竖百叶挡板式两种（图 4-13）。

为达到更佳的遮阳效果，同时控制飘板挑出尺寸，通常将多种遮阳方式组合运用，如水平窗楣加窗框的“凹窗”遮阳方式，窗口尺寸过大时增加挡板式遮阳板、水平遮阳板、竖向遮阳板等方法，形成多种改进措施以提高遮阳效果。

（1）凹窗式

采用普通凸窗洞口设计同时缩进窗的安装位置形成窗楣及窗框的综合外遮阳效果。这种设计在兼顾遮阳与遮风挡雨的同时对外立面影响较小，比较适合夏热冬暖地区。

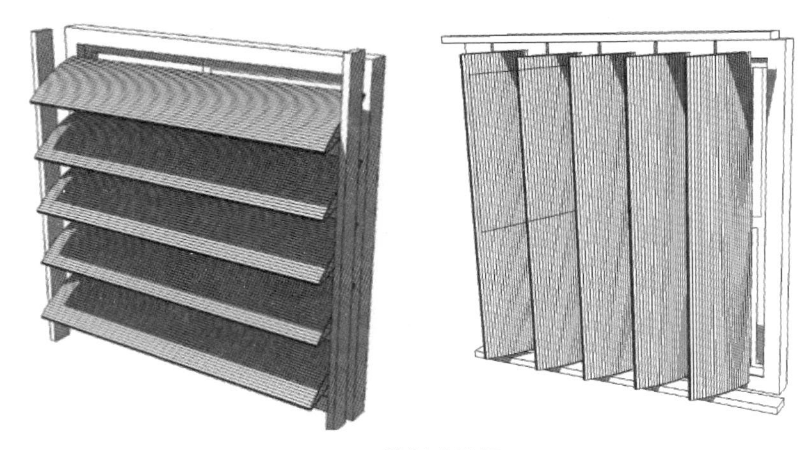

图 4-13 挡板式遮阳

（2）“凹窗”加垂直挡板式遮阳

当窗面积、宽度较大时，采用“凹窗式”时为满足 $SD \leqslant 0.8$，西向的窗楣窗框飘出距离往往大于规划要求的 500mm，这时可以考虑增加垂直挡板遮阳，形成水平式、垂直式、挡板式三种形式的组合外遮阳，以提高遮阳效果。挡板宽度常采用 300 ~ 400mm，材料建议采用轻便的金属材质（如铝合金），或冲孔金属挡板以增加室内采光，但开孔率建议小于 20%。

（3）“凹窗”加水平挡板式遮阳

垂直式挡板虽然有很好的遮阳效果，但对室内视野影响较大。采用水平设置的金属遮阳板也能起到同样的效果，同时降低对室内人员视野的影响与减少凸窗外挑宽度。水平遮阳板设置在窗外离顶部 300 ~ 400mm 处。另外，水平遮阳板可以将室外太阳光反射到室内顶棚上，增加室内采光，是一种能兼顾遮阳和室内采光的遮阳方式。但窗的开启要考虑遮阳板的遮挡。遮阳效果可以通过适当调整水平遮阳板的高度来调节。当采用冲孔金属板时遮阳效果将减弱。

（4）“凹窗”加竖向遮阳板

水平遮阳板会影响窗的开启，阻挡视野。可以将遮阳板竖向安装在开启扇的分割外，这样既不影响窗开启又能提高遮阳效果。竖向遮阳板的遮阳效果比水平遮阳板有所提高，东西向外飘尺寸相应减少。遮阳效果随竖向遮阳板数量增加而提高。

【应用介绍】

珠江城的东、西立面采用了铝合金水平外百叶外遮阳措施，百叶挑出的宽度为 0.8m。利用日照分析软件对外百叶的遮挡系数进行计算，得到不同时刻的直射、散射及综合遮阳系数。在考虑立面形式的因素后，得出东、西立面整体外遮阳系数为 0.54，配合 Low-E 幕墙玻璃，使幕墙的综合遮阳系数达到了 0.27，遮阳效果非常明显。另外，珠江城的南、北立面采用了内呼吸双层玻璃幕墙，同时在幕墙内设置遮阳百叶，通过计算，南、北立面夹层百叶的遮挡系数为 0.39，配合 Low-E 幕墙玻璃，双层幕墙的综合遮阳系数为 0.3，能有效减少太阳辐射热的影响，降低围护结构的热损失，提高节能效果。如图 4-14 所示。

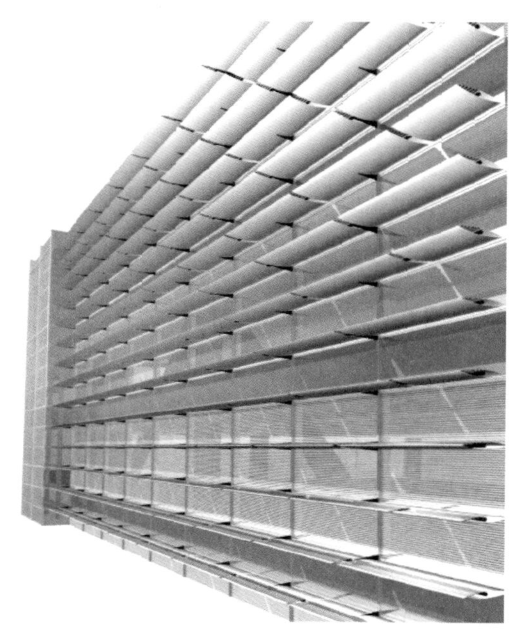

图 4-14　珠江城外遮阳措施——铝合金百叶效果图

2. 活动遮阳

固定外遮阳不可避免地会带来与采光、自然通风、冬季供暖、视野等方面的矛盾。使用者可以根据环境变化和个人喜好，自由地控制遮阳系统的工作状况。可调节外遮阳的主要形式有遮阳卷帘、活动百叶遮阳、遮阳篷、遮阳纱幕等。

（1）外遮阳卷帘

外遮阳卷帘是一种有效的遮阳措施，适用于各个朝向的窗户。当卷帘完全放下的时候，能够遮挡住几乎所有的太阳辐射，这时进入外窗的热量只有卷帘吸收的太阳辐射能量向内传递的部分。如果同时采用导热系数小的玻璃，则进入窗户的太阳热量非常少。此外，也可以适当拉开遮阳卷帘与窗户玻璃之间的距离，利用自然通风带走卷帘上的热量，也能有效地减少卷帘上的热量向室内传递。

（2）活动百叶遮阳

有升降式百叶帘和百叶护窗等形式。百叶帘既可以升降，也可以调节角度，在遮阳和采光、通风之间达到了平衡，因而在办公楼及民用住宅上得到了很大的应用。根据材料的不同，分为铝百叶帘、木百叶帘和塑料百叶帘。百叶护窗的功能类似于外卷帘，在构造上更为简单，一般为推拉的形式或者外开的形式，在国外得到大量的应用。

（3）遮阳篷

遮阳篷是一种常见的遮阳形式，分为曲臂式、摆臂式遮阳篷、遮阳伞三种，兼有水平遮阳和挡板遮阳的效果。采用时应注意统一安装，避免杂乱影响建筑立面。

（4）遮阳纱幕

遮阳纱幕既能遮挡阳光辐射，又能根据材料选择控制可见光的进入量，防止紫外线，并能避免眩光的干扰，是一种适合于炎热地区的外遮阳方式。纱幕的材料主要是玻璃纤维。具有耐火防腐，坚固耐久等特性（图 4-15）。

（*a*）　（*b*）

（*c*）　（*d*）

图 4-15　活动遮阳措施示意图

（*a*）窗外遮阳卷帘；（*b*）活动百叶遮阳；（*c*）遮阳篷；（*d*）遮阳纱幕

【应用介绍】

深圳证交所整体采用多种遮阳形式，几乎涵盖了建筑中常见的种类。在体形上，建筑中下部有一座耸立在空中的外飘平台，东西向悬挑 36m，南北向悬挑 22m，南北立面较阔，有助于夏季减少太阳辐射及于冬天加强日照。遮阳方面，采取了以梁柱为遮阳的立面设计，进一步降低太阳得热并有利于室内的自然通风。项目外设梁柱构造的立面设计形成整体有效地外遮阳系统。幕墙部分以外置梁柱为遮阳，内陷 1010mm。相当于在外窗设置 1010mm 的水平遮阳板和左右各 1010mm 的垂直遮阳板，各个朝向都能有效地避免太阳辐射，会比相同窗墙比条件下传统构造的太阳辐射得热减少 60%，同时在不采用其他附加外遮阳措施的情况下就很好地达到遮阳效果，节省了投资。这种绿色设计理念值得广大设计师借鉴。如图 4-16 所示。

（*a*）

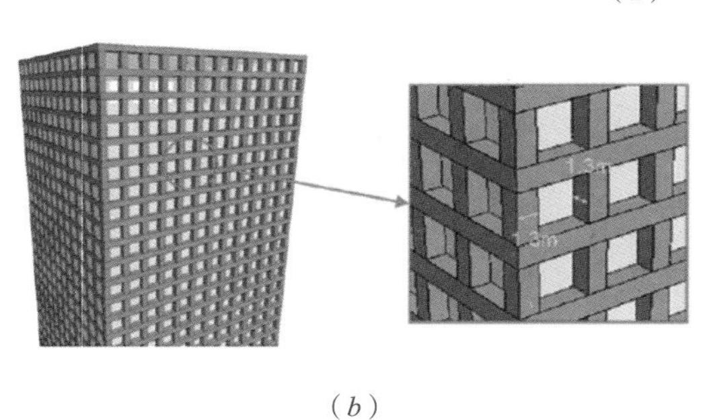

（*b*）

（*c*）

图 4–16　深圳证交所的遮阳措施

（*a*）项目整体的外遮阳措施；（*b*）大楼外设梁柱构造遮阳示意图；（*c*）大楼外设梁柱构造遮阳实景图

广东省建科大楼西向和南向均采用一套自动控制遮阳板系统，包括气象站自动控制、遥控器控制、智能手机控制，可感应太阳光方向，自动旋转遮阳百叶，使得遮阳板的控制更加自动化、人性化、智能化，可有效地遮挡太阳光引起的眩光等，对提高室内居住舒适性有显著的效果，避免过强的日光对办公人员视觉和精神上的影响。既起到采光、隔热、节能作用，又营造了“活动的立面”的效果。同时，充分考虑综合遮阳、绿化遮阳、水平遮阳、垂直遮阳等合理应用，室内采用百叶和卷帘内遮阳，充分体现遮阳措施综合的应用效果。如图 4-17 所示。

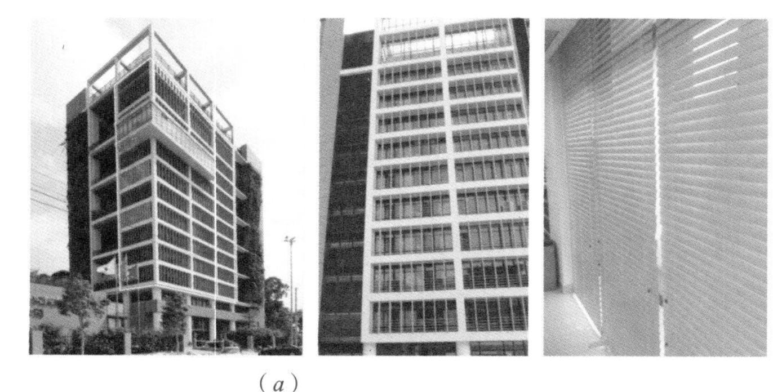

（*a*）

（*b*）

图 4–17　广东省建科大楼的遮阳措施

（*a*）智能外遮阳系统；（*b*）内遮阳系统

3. 常见遮阳技术的施工要点

遮阳技术种类繁多，其具体的施工技术要点各异，不能一概而论，这里只针对玻璃幕墙镂空铝板外遮阳技术的施工要点作简单介绍。

（1）施工工艺流程

施工准备→测量放线→后置埋件安装及检测→预埋钢板及连接件焊接→防雷接地焊接→内层幕墙龙骨安装→内层玻璃面板安装→外层龙骨放线→外层铝板龙骨安装→外层镂空铝板安装。

（2）操作要点

1）幕墙内层龙骨采用铝合金立柱和铝合金横梁，立柱与支座角钢采用不锈钢连接螺栓进行固定，横梁与立柱采用不锈钢螺栓连接，配连接铝角码。

2）每层楼面处设置的防火层是在横向龙骨或横向接缝龙骨与梁板侧安装经防腐处理的耐热镀锌钢板，填充优质防火棉，打防火密封胶密封接缝。

3）采用双钢化中空玻璃，双层玻璃之间采用耐候密封胶进行密封。

4）外层镂空铝板龙骨立柱采用铝合金扁通，横梁采用铝合金方通，立柱通过U形铝条与内层幕墙立柱或横梁进行连接，用不锈钢螺栓固定。

5）幕墙镂空铝板安装工艺流程：开料→画展开图→雕刻机编程→雕刻→剪角→折弯→焊接→打磨→组装→铝板抛光→清洗及铬化→沥水→烘干→喷漆→烤漆→成检→成品包装。安装前先将铝合金角码按照排版图预先固定在外层龙骨上，采用不锈钢螺栓固定，然后将镂空铝板搬运至安装位置，就位后调整板块水平和垂直度，符合要求后初拧螺栓，平整度及接缝直线度符合要求后紧固螺栓，按此步骤依次从上往下安装铝板。镂空铝板安装完成后，用抹布擦拭两铝板交接边缘，清理间隙杂物，在交接处贴好美纹纸。然后在缝隙里填入与接缝宽度相配套的泡沫条，一般比缝宽大2～3mm，其填塞深度应一致，以保证打胶厚度一致，随即进行打胶。注胶必须饱满、光滑、平整，不得出现空隙及气泡，打胶完毕撕去美纹纸。

4. 节能效益

相关研究成果表明，对于公共建筑，外窗太阳得热系数每降低0.087，空调耗电量节能率可提高4%左右。随着外窗太阳得热系数的降低，节能率成正比地增加，外窗太阳得热系数可作为建筑节能重要的技术措施，在设计时应当重点关注（表4-2）。

公共建筑不同外窗太阳得热系数能耗模拟结果比较　　表4–2

外窗太阳得热系数	0.609	0.522	0.435	0.348	0.261
全年累计冷负荷指标（kWh/m²）	212.37	203.63	194.71	185.4	175.99
空调耗电量（kWh/m²）	84.95	81.45	77.88	74.16	70.40
空调耗电量节能率	–9.08%	–4.58%	0.00%	4.78%	9.60%

续表

全年累计负荷指标（kWh/m²）	221.09	213.06	204.98	196.65	188.43
总耗电量（kWh/m²）	88.91	85.73	82.55	79.27	76.04
总节能率	–7.70%	–3.85%	0.00%	3.97%	7.89%

4.2.3 天然采光

充分利用天然采光不但可节省大量照明用电，还能提供更为健康、高效、自然的光环境。建筑的天然采光就是将日光引入建筑内部，精确地控制并且将其按一定的方式分配，以提供比人工光源更理想和质量更好的照明。为满足人们的要求，当前出现了导光管、光导纤维、采光搁板、棱镜窗等新的采光方式，这些采光系统往往通过光的反射、折射、衍射等方法将天然光引入并传输到理想的地方。

建筑天然采光的形式主要有三类，分别是天窗采光、侧窗采光，以及混合采光。天窗采光是指太阳光线通过屋顶上的窗或采光口进行采光。侧窗采光是指太阳光线通过外墙上所开的窗或采光口进行采光。混合采光是以上两种采光形式的综合。

1. 侧向采光辅助系统

侧向采光辅助系统指在建筑的外侧立面上安装或者设置辅助采光工具，补充建筑内部采光量。

（1）反光板

反光板可利用在侧窗外部的出挑形成遮阳，对下部观景窗起到遮阳作用，避免潜在的直接眩光。同时，反光板将光线通过采光高侧窗反射入室内顶棚，提高远窗处的照度值，从而改善整个室内空间的照度均匀性。如图 4-18 所示。

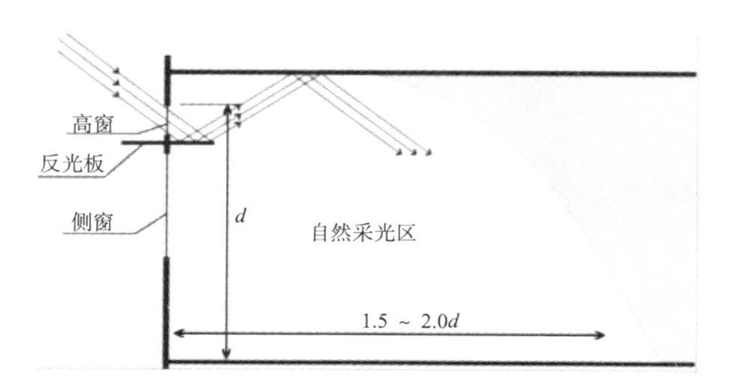

图 4–18　反光板改善侧向采光示意图

（2）新型日光百叶偏转系统

新型日光百叶偏转系统包含两个部分，第一部分是反射器，主要作用是对高角度的光线进行多次回复反射，并通过一次单独反射来实现对光线的阻挡，起到保护作用，将光能与热能反射回去，因此没有直射光进入室内；第二部分是水平状的“光线支架”，将低角度的光线引至室内深处，实现供给功能，提高远窗处的照度值。如图 4-19 所示。

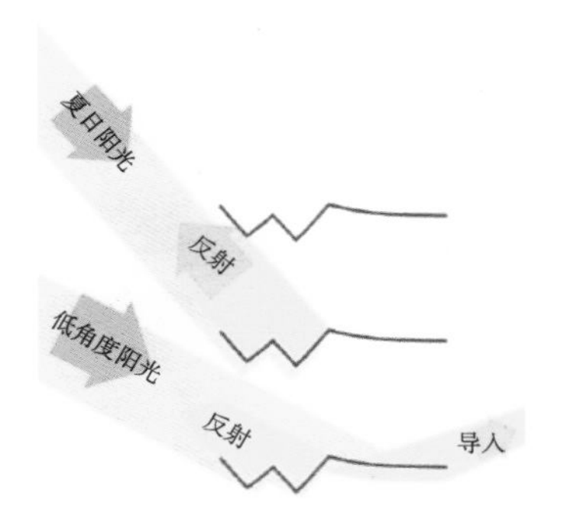

图 4–19 百叶偏转系统示意图

【应用介绍】

深圳证交所为核心筒结构，建筑平面设计合理，电梯、设备用房、卫生间位于核心筒区域，四周为开敞大空间办公区域，建筑平面有利于自然采光，同时建筑幕墙采用高透玻璃，有助于自然光透入室内；外窗的内遮阳系统与照明系统采用联动智能化控制，有效控制眩光；提升裙楼内设有两个采光天井，有助于自然光投入裙楼内部。大楼东西两旁的两个中庭亦大量利用自然光，以节省照明用电及改善室内环境质量。如图 4-20 所示。

（*a*）　　　　　　（*b*）

图 4–20 深圳证交所天然采光技术应用示意图

（*a*）大厅及中庭天然采光实景图；（*b*）室内天然采光实景图

珠江城大厦采用高透光度玻璃，并在底层外伸大堂设计自然采光口，将自然光引至建筑内空间，为这个关键的过渡区域创造一个非常明亮的开阔空间。高透光 Low-E 玻璃最低可见光透射比不低于 50%，符合办公照度要求。另外，在首层大堂处，幕墙、白色多孔玻璃顶棚以及悬挂金属板作为一套光反射设备，使日光改变方向从而进入进深较深的大堂空间，从而减少照明设备的电耗。如图 4-21 所示。

图 4-21　珠江城大厦天然采光技术应用示意图

广州市气象监测预警中心采用高透玻璃，玻璃可见光透射比均高于 65%，有助自然光透入室内，中庭借鉴岭南传统建筑的天井手法，达到拔风、自然采光的节能目的。同时，采用采光天窗利用自然光源改善室内光环境。利用自然采光，不仅可以节约能源，并且在视觉上更为习惯和舒适，在心理上能和自然接近、协调，可以看到室外景色，更能满足精神上的要求，通过合理的设计，日光完全可以为用户提供一定量的室内照明。另外，地下车库为半地下空间，车库入口即可实现自然采光，同时设置了多个采光、通风井，可取代白天的电力照明，最少可提供 10h 以上的自然光照明，节约能源，创造效益。如图 4-22 所示。

（*a*）

（*b*）

图 4-22　广州市气象监测预警中心天然采光技术示意图

（*a*）采光天窗实景效果图；（*b*）地下车库采光井实景图

2. 顶部采光辅助系统

侧面采光辅助系统由于其自身反射能力存在一定的局限性，面对较大井深的建筑物时，建筑内部采光量不足的问题仍然存在，因此有学者提出顶部采光辅助系统的优化策略，借此补充和增强建筑室内的天然采光。

（1）光导管反射技术

光导管，即光导管采光系统（Tubular Daylighting System），如图 4-23 所示，是一套采集天然光，并经管道传输到室内，进行天然光照明的采光系统。主要分为三个子系统：

采光系统、导光系统和漫射系统。其基本原理是，通过采光罩高效采集室外自然光线并导入系统内重新分配，再经过特殊制作的导光管传输后由底部的漫射装置把自然光均匀、高效地照射到任何需要光线的地方，从黎明到黄昏，甚至阴天，导光管日光照明系统导入室内的光线仍然很充足。

导光管系统无需电力，利用自然光照明，同时系统中空密封，具有良好的隔热保温性能，不会给室内带来热负荷效应。

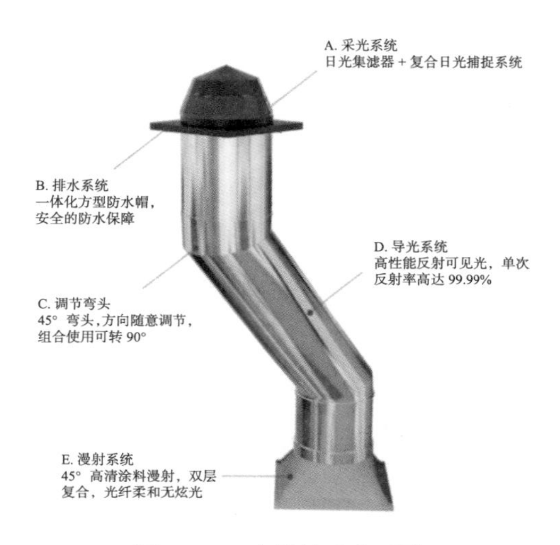

图 4–23 光导管采光系统

（2）光导纤维反射技术

光导纤维反射技术同导光管反射原理类似，结合太阳跟踪、透镜聚焦等一系列专利技术。工作原理是在焦点处大幅提升太阳光亮度，将光线引到室内需要采光的地方，达到将光线照射在室内的各个角落的目的。光纤导光系统主要组成部分：聚光装置——太阳光集光机，导光装置——光导纤维光缆，散射装置——光线投射器。与导光管采光系统相比，两者不同的是导光装置，光纤导光系统是使用光损耗更少的光导纤维光缆。

（3）棱镜组多次反射技术

棱镜组多次反射技术是通过传光棱镜将集光器收集的太阳光传送到室内需要采光的位置，是改善室内自然光环境的一种主动手段。棱镜窗的原理是利用棱镜折射，从而改变入射光的方向，一方面，可以利用棱镜的折射，使得小间距建筑物获得更多的太阳光；另一方面，利用棱镜的平行面减少直射光造成的眩光，提高照明的均匀度。

【应用介绍】

深圳证交所采用的光导照明自动控制系统，可以根据室内照度的变化自动控制该区域室内灯具的开启和关闭，使环境保持稳定的正常照明状态并达到节约能源的目的。如图 4-24 所示。

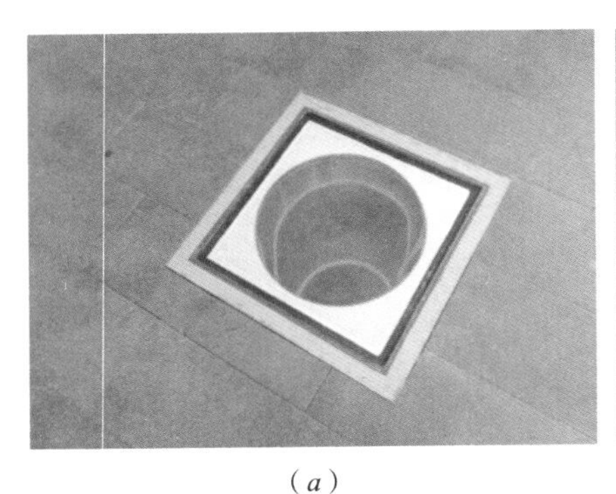

（a）　　　　（b）

图 4–24　深圳证交所光导技术应用示意图

（a）地上光导管实景图；（b）地下采光井实景图

广东省建科大楼地下空间采用采光天井和光导管有效改善了采光效果。其中，采用采光天井能使约 $80m^2$ 的地下一层车库面积，以及约 $16m^2$ 的地下二层车库面积满足照明的要求，采用光导管能使约 $25m^2$ 的地下一层车库面积满足照明的要求。采用采光天井和光导管能有效减少照明能耗，实现节能的目的。如图 4-25 所示。

（a）　　　　（b）

图 4–25　广东省建科大楼光导技术应用示意图

（a）采光井实景图；（b）光导管地下室自然采光实景图

3. 光导管采光系统施工要点

（1）套管预埋

因导光管多为穿过楼板、剪力墙等结构，对防水要求较高，在混凝土施工阶段应按设计要求进行套管的预埋。

（2）核查孔位

仔细核查所有孔洞的位置、尺寸是否与图纸标注相符。通过现场观察如发现孔位正下方有其他设备管线，以致影响导光管采光系统的安装，应及时与现场施工人员或甲方联系解决。

（3）清理孔洞

清理预留孔及其周边残余杂物，确保施工的顺利进行及在安装导光管采光系统时各部分装置内不落入灰尘；将混凝土浇筑部位的结构面混凝土凿毛。

（4）后置套管施工

对于后置的套管采用HDPE双壁波纹管加浇筑混凝土保护的做法，沿混凝土保护结构中心在结构面采用植筋胶植入100mm高的止水镀锌薄钢板，植入部位30～40mm，然后将保护套管（HDPE双壁波纹管）立于止水片内，内外采用圆形钢模，再沿管壁浇至高出覆土层150mm处，形成200mm厚保护层，浇筑时用钢筋反复插捣混凝土，并轻敲钢模，使混凝土密实。

（5）防水施工

1）在波纹管周围用防水油膏嵌缝，然后在波纹管保护层周边用1∶2的水泥砂浆与屋面找平。波纹管保护层周围的找平层应做成圆锥台，圆锥台应在保护层外径100mm范围内，以30%的坡度组成，高约30mm。阴角、管道周围需增强防水措施，在第一道涂膜施工前在该部位铺贴一遍玻璃纤维布，再进行第二道防水涂料施工。

2）若主防水层选用卷材，阴角处先采用玻璃纤维布+聚氨酯防水涂料加强处理；将卷材从孔洞半径1m范围内起铺，铺贴至保护层四周结束，然后再用卷材做出管道泛水。注意做好卷材起始位置与原防水层的衔接工作。将屋面的卷材继续铺至垂直保护层面上，形成卷材防水，泛水高度以高出覆土层250mm为宜。在屋面与保护层的交接缝处，上刷卷材胶粘剂，使卷材胶粘密实，避免卷材架空或折断，并加铺一层卷材。泛水上口的卷材用密封材料封严，防止卷材在保护层上下滑。若需考虑防植物根穿透，则应在防水层上加铺20mm厚细石混凝土。

（6）防雨装置的安装

将防雨装置套在波纹管上，并用自攻螺钉把二者固定在一起，然后将EPDM材质密封圈套在防雨装置上，EPDM密封圈起到采光装置与防雨装置之间的密封处理作用。

（7）光导管的连接及安装

光导管分大小口，管间采用卡扣及铆钉连接固定。大小口由管子两端的卡扣决定，然后在接口处用铆钉固定，再用铝箔胶带密封，用塑料膜将首根光导管上口进行简单密封，以防灰尘进入，安装后把光导管保护膜撕去即可。依据施工图连接成特定长度后，从波纹管上方将接好的光导管穿入预留孔内，将光导管上端末边与防雨装置内圈用抽芯铆钉固定。

（8）采光罩的安装

将顶部采光罩套放到防雨装置上口之前，把首节光导管口的塑料密封膜和管壁保护膜撕下，然后在防雨装置上口外沿紧贴一圈EPDM材质密封圈，再将预先钻有多孔的采光罩套放到防雨装置上，并用自攻螺钉将采光罩与防雨装置连接到一起，注意在定位时不能擦伤采光罩。

（9）漫射器的安装

安装漫射器前先将最后一节光导管管口的塑料密封膜和管壁保护膜撕下。由于漫射器采用旋扣式设计，故只需将漫射器扣在光导管上，旋转即可完成安装，最后在漫射器和光导管的接缝处涂一层密封硅胶，确保连接紧密。

（10）粘贴密封保温棉

在室内部分的光导管外壁均匀贴一层密封保温棉，在光导管与屋面的缝隙处也要填充保温材料，起到密封保温同时兼保护光导管的作用。

4. 节能效益

我国的建筑能耗中很大一部分是电力能耗，对于大多数的建筑而言，照明能耗是电力能耗的重要部分。实际上，提供相同的照度，天然光带来的热量小于绝大多数人工光源。因此，在建筑中提高天然采光，减少电力照明是提高建筑能效的重要策略。国外的一些研究表明，在最大程度没有人类行为影响的情况下，室内自然采光在 20% 和 60% 之间即可达到节约照明能源的作用。根据不同的采光设计、气候环境和建筑使用时间等情况，理论上照明节能的上限接近 100%。基于特定的气候条件，使用天然光和电灯混合照明，可以节约 30% ~ 40% 的能源。

4.3 适宜性的围护结构性能

4.3.1 门窗幕墙热工设计

建筑门窗幕墙是建筑围护结构节能的薄弱环节，约 50% 的建筑围护结构的采暖、空调能耗由门窗幕墙等透明围护结构散失。建筑门窗节能是围护结构节能的关键，也是被动式低能耗建筑节能的重点。在北方，被动式低能耗建筑的关键是保温和密封，所以门窗的保温性能最为重要，因为建筑围护结构中门窗的保温性能最差，是最薄弱的部分，门窗的保温不好、密封不好，被动房整体性能就不可能达到要求。而在夏季炎热地区，低能耗主要是要降低空调能耗，建筑的保温和密闭性能就显得不那么重要了。夏季更重要的是建筑的隔热技术，夏季的被动房就应该像一个树冠大、树叶浓密的大树，给人们一个荫凉的环境。这其中门窗也是最重要的部分，因为门窗透过太阳辐射使得室内得热大幅度提高，大大增加室内空调开启的时间，增加空调负荷。在这种情况下，门窗开口就应该配合建筑自然通风设计，门窗内外需做好遮阳和采光调节。

1. 节能玻璃的选用

幕墙门窗在刚刚起步阶段，其采用的都是单层的玻璃。随着节能环保意识的深入，建筑低能耗要求的提出，双层以及三层玻璃结构的幕墙门窗，被广泛地应用到实际的施工建设当中。在幕墙门窗的建造上，最核心的材料就是玻璃，保温及隔热仍然是其最主要的作用，例如中空玻璃、太阳能热反射玻璃、低辐射玻璃等均属于常见且典型的节能玻璃。

（1）中空玻璃

中空玻璃由两片或两片以上平板玻璃组合而成，玻璃之间是惰性气体层或干燥空气层，由于这些气体的导热系数大大小于玻璃材料的导热系数，因此具有较好的隔热能力。中空玻璃的特点是传热系数较低，与普通玻璃相比，其传热系数至少可降低 40%，是目前最实用的隔热玻璃。我们可以将多种节能玻璃组合在一起，产生良好的节能效果。不过值得注意的是，传统的中空玻璃往往会导致夏季室内温度持续上升，但中空玻璃中的真空玻璃能够较好地避免这一问题。

（2）太阳能热反射玻璃

热反射玻璃是对太阳能有反射作用的镀膜玻璃，其反射率可达 20% ~ 40%，甚至更高。它的表面镀有金属、非金属及其氧化物等各种薄膜，这些膜层可以对太阳能产生一定的反射效果，从而达到阻挡太阳能进入室内的目的。在低纬度的炎热地区，夏季可节省室内空调的能源消耗。

（3）低辐射玻璃

低辐射玻璃又称为 Low-E 玻璃，是一种对波长在 4.5 ~ 25μm 范围的远红外线有较高反射比的镀膜玻璃，它具有较低的辐射率，能够有效地阻止夏季热能进入室内和冬季热能的外泄，具有双向节能效果。

（4）吸热玻璃

吸热玻璃是一种能够吸收太阳能的平板玻璃，它是利用玻璃中的金属离子对太阳能进行选择性的吸收。有些夹层玻璃胶片中也掺有特殊的金属离子，用这种胶片可以生产出吸热的夹层玻璃。吸热玻璃一般可减少进入室内的太阳热能的 20% ~ 30%，降低了空调负荷。不过较低的透光率也使得吸热玻璃在太阳能利用领域存在不足。

2. 门窗设计角度的优化

在门窗的设计规划工作中，设计人员不仅要考虑房屋的采光性，而且要结合建筑的结构、性质和使用功能，以及建筑所在的地区气候环境，合理地规划门窗的设计比例，这对建筑保温性有直接影响。此外，门窗的开启则需要考虑空气流通程度，渗水性及开启缝隙，因为这些因素将直接影响建筑的能耗。

3. 高性能密封技术

密封的效果对节能的效果起着很大的决定作用，因此，在幕墙门窗技术的应用方面，密封技术是非常重要的一个环节。气密性好可以降低外部空气向室内的渗透，减少热损失，从而保证室内空气的温度，进而减少室内空调等的使用时间和温度调节，达到降低能耗的目的。

4. 合理化玻璃搭配

在建筑幕墙门窗的施工建设当中，中空玻璃是当前相对最佳的选择。因为中空玻璃主要是利用两片以及两片以上的玻璃组合而成，因此，对于内外层玻璃的对应材质可以进行有针对性的合理化搭配。例如，两层玻璃的设计中，可以将最外层的玻璃设置为遮阳、吸热、热反射等功能玻璃，而内层玻璃则可以设置为低辐射等功能玻璃，如此设计方案，既满足了建筑物的整体美观效果，还可以发挥玻璃的辅助性功能。

5. 断热技术

在实际的幕墙门窗施工建设当中，选择合适的玻璃幕墙框架材料，对于实现建筑节能具有极大的促进作用。当前，建筑装饰装修领域应用相对较多的便是新型的断热金属框，这种断热金属框主要的特点在于实现了热流失的阻隔效能。与此同时，断热型材还具有抗风及气密性好的优势。

【应用介绍】

中山大学附属第一（南沙）医院项目整体精细化设计，从方案阶段开始持续优化和考虑被动式节能措施。采用高性能围护结构，包括屋顶绿化、控制窗墙比、节能环保门窗（如铝塑共挤门窗），综合遮阳措施（水平遮阳 + 可调节内遮阳）、高性能玻璃（如中空 Low-E 夹胶玻璃）等被动式节能措施，从前端降低项目空调能耗，国际医疗中心围护结构热工性能提升幅度达 10%。如图 4-26 所示。

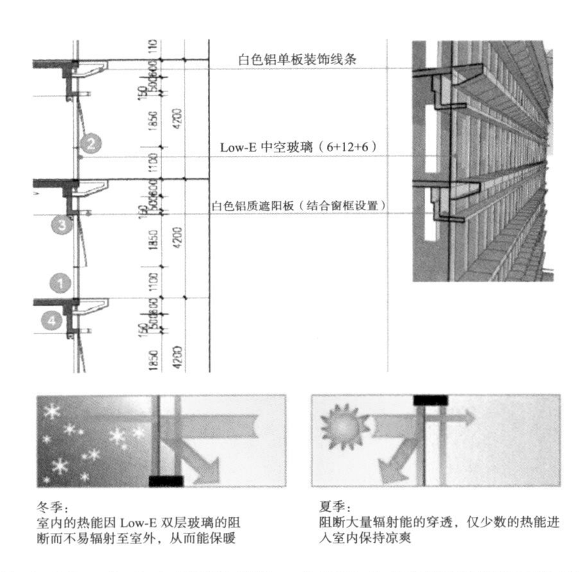

图 4–26　中山大学附属第一（南沙）医院幕墙热工设计

珠江城大厦裙房层的窗墙比为 0.85，标准层的窗墙比为 0.75。综合考虑建筑遮阳及室内舒适性的需要，该塔楼采用透明玻璃、高性能的内呼吸双层幕墙与遮阳技术。该双层玻璃加内置可自动调节百叶构成的双层呼吸式幕墙，可通过控制空气流动带走幕墙通道内的余热量，降低对室内的热辐射强度，增加大楼内特别是靠窗部分的热舒适感，消除了传统风幕对人体冷或热辐射造成不舒适感的问题，实现了大楼中热舒适性与节能的最佳结合。如图 4-27 所示。

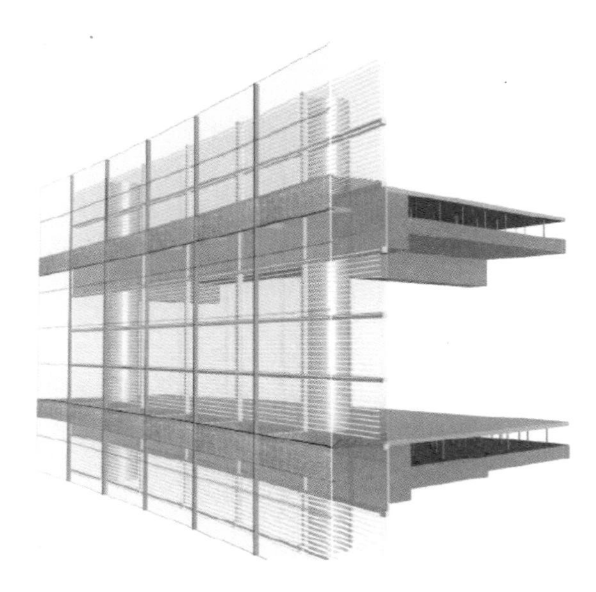

图 4–27 珠江城大厦双层幕墙设计

6. 外窗安装施工质量控制措施

对于低能耗建筑而言，外窗的安装施工质量对隔热效果有重要的影响，为了使建筑的节能效果达到设计的预期，必须保障外窗的施工质量，其控制措施如下：

（1）必须严格按照《建筑节能门窗工程技术规范》DB13（J）114—2010 和被动式建筑门窗工程的施工要求组织施工。

（2）严格组织劳动力。安装被动式房屋外窗是一项具有一定施工技术含量的新技术应用性工作，所以操作人员的选择与一般的建筑工人要求不一样。要先组建一个安装外窗施工小组，小组中要指定一位负责人。

（3）被动式房屋外窗到达施工现场时应进行质量验收，检查其出厂合格证、质量合格证、门窗气密性、水密性参数试验单等。

（4）被动式房屋外窗安装前，应对窗洞口尺寸进行复验，对成品窗框、窗扇质量进行复查，对作业人员进行现场业务工作交底，各项准备工作就绪后方可开始外窗安装施工。外窗安装施工要按规定作业流程逐步进行，不得野蛮施工或随意改变施工方案，防止施工中出现撬、打、凿等损坏成品窗或墙体的施工行为。另外，在施工前还应提前编制质量事故处置预案。

7. 节能效益

建筑能耗中，冬季通过窗户的热损失和夏季因阳光透过窗户进入室内导致的室内冷负荷增加，占了相当大的比例。因此，低能耗建筑对窗户的结构和材料都有很高要求。窗玻璃应有良好的热学和光学性能，例如低能耗建筑中采用的 Low - E 玻璃传热系数为 0.5 ~ 1.5W/($m^2 \cdot K$),与传热系数 5.5W/($m^2 \cdot K$)的普通单层窗和传热系数为 2.8W/($m^2 \cdot K$)

的普通双层窗相比，有更好的保温隔热效果。冬天节能 70% 以上，夏天节能 60% 以上，配合可调外遮阳系统节能效果更好。

4.3.2 屋顶隔热

屋面一直是夏热冬暖地区建筑热工设计中最为重要的围护结构。由于太阳辐射能量较大，在夏热冬暖地区，对于屋面较大的空间，为保证良好的室内舒适度需要控制屋顶内表面温度，往往采用增加隔热保温层等技术措施。另外，改善屋面通风环境也能有效降低屋顶传热。具体的技术措施包括：反射隔热涂料，绝热层隔热屋顶、通风间层隔热屋顶、吊顶隔热屋顶、阁楼隔热屋顶、绿化屋顶，被动蒸发冷却技术等。

1. 反射隔热涂料

降低建筑外表面太阳辐射吸收系数是不透明围护结构隔热防晒的有效措施之一，而降低建筑外表面太阳辐射吸收系数的有效手段之一就是应用建筑反射隔热涂料。建筑反射隔热涂料是以合成树脂为基料，与功能性颜填料及助剂等配制而成，太阳反射比达 0.86，半球发射率达 0.84。建筑反射隔热涂料施涂于建筑物表面，可对建筑物进行反射、隔热、装饰和保护。建筑反射隔热涂料综合了建筑保温材料和建筑涂料的双重功能，具有众多优点，包括：工艺简便；工期短；施工费用低；隔热涂层与墙体结合牢固，不会剥落，耐候性好，使用寿命可达 10 ~ 15 年；防火阻燃、防尘自洁、无毒环保等。

【应用介绍】

广东省建科大楼的屋面采用了发射隔热涂料技术，如图 4-28 所示。热反射屋面是通过提高屋顶室外表面的太阳能反射率和表面辐射率，将太阳能反射回天空，在降低屋顶温度的同时，减轻城市热岛效应，缓解气候变暖的一种新颖的建筑技术。热反射屋面技术特别适用于夏季漫长，长年气温高，气温年较差和日较差小，太阳辐射强烈的夏热冬暖地区。

图 4-28　广东省建科大楼屋面采用了反射隔热涂料

2. 屋顶绿化

屋顶绿化工程可分为以下几种形式（图 4-29）：

（1）草坪式：采用抗逆性强的草本植被平铺栽植于屋顶绿化结构层上，重量轻，适用范围广，养护投入少。此型可用于那些屋顶承重差、面积小的住房。

（2）组合式：允许使用少部分低矮灌木和更多种类的植被，能够形成高低错落的景观，但是需要定期养护和浇灌。此类型介于二者之间，与拓展型相比，在维护、费用和重量上都有增加。

（3）花园式：可以使用更多的造景形式，包括景观小品、建筑和水体，在植被种类上也进一步丰富，允许栽种较为高大的乔木类，需定期浇灌和施肥。

（a）

（b）

（c）

图 4–29 屋顶绿化形式
（a）组合式；（b）草坪式；（c）花园式

由于楼层屋顶上的风力大，土层太薄，容易被风吹倒，若加厚土层，会增加重量。采用乔木，发达的根系往往还会深扎防水层而造成渗漏。一些植株矮、根系浅、耐旱、耐寒、耐瘠薄的植物成为首选，如佛甲草、垂盆草、凹叶景天、长春花、常春油麻藤、百里香、常夏石竹、大花金鸡菊、蓍草、紫菀、矮生紫薇等。

【应用介绍】

广东省建科大楼屋面设计综合利用绿化种植屋面技术，绿化屋面是城市绿化的一种有益的补充形式，在增加城市绿化面积、美化城市景观、缓解城市热岛效应、改善城市生态功能等方面有积极作用。在屋顶上覆盖植物，通过叶片的遮阳、蒸腾作用，以及土壤水分蒸发，消耗建筑吸收的太阳辐射热，可改善建筑的热工性能。通过植物对阳光、空气、雨水等生物气候资源的利用，能减少室内热负荷，有效降低空调运行能耗。如图 4-30 所示。

深圳证交所在抬升裙楼屋顶设置空中花园，采用了大面积的绿化，选择本地植物通过不同种类的拼接，形成了一幅精美的植物画卷，在加强屋面隔热效果的同时也为大楼使用者提供了一个舒适、绿色的活动空间。选择植物时采用包含乔、灌木的复层绿化，植株种类主要分为五大类，乔灌木配置合理。屋顶绿化面积占屋顶可绿化面积的比例为 32.93%。如图 4-31 所示。

图 4-30　广东省建科大楼屋顶绿化实景图

图 4-31　深圳证交所屋顶绿化实景图

3. 被动蒸发冷却技术

被动蒸发冷却是屋面隔热的一个行之有效的方法，对于夏热冬暖地区，被动蒸发冷却技术能够得到较好的应用，主要是由于夏热冬暖地区气候湿热，具有太阳辐射强烈、雨量充沛、季风旺盛、蒸发比高等特点。蒸发比的高低可以定量地判定地区被动蒸发冷却技术的适用性，该值主要受地区的蒸发力和降水量控制。夏热冬暖地区全年蒸发比为0.8，由此可见，该地区具有十分优越的实现建筑被动蒸发冷却的气候资源。

由于不同年代建筑形式、建筑材料的发展和更替，被动式蒸发冷却技术也以不同形式呈现出来。以下对被动蒸发冷却技术的主要形式进行梳理：

（1）通风黏土墙、瓦屋面。以往的建筑以黏土砖墙和瓦屋面为多，黏土砖和瓦屋面具有吸水性强的特点，对雨水具有一定的蓄存作用，再配合自然气候资源，从而实现建筑的被动蒸发冷却。

（2）屋面淋水。随着建筑形式的发展，水泥板屋面逐渐取代了瓦屋面，而在夏热冬暖地区夏季太阳辐射在水平方向上最为强烈，所以建筑屋面比其他围护结构吸收的太阳辐射热也多。为了避免室内环境过热，可以采取夏季在屋面处洒水降温的方法。被动蒸发冷却技术不仅对室内热环境具有改善作用，对室外建筑构件也有保护作用。进入 20 世纪 90 年代以来，现代建筑围护结构形式发生了巨大的变化。玻璃屋顶通常与钢结构组合，刚性的框架与玻璃之间不同的温度应力经常导致玻璃的温度破损，造成建筑围护结构的自然破坏。淋水降温是一种良好的降温手段，它既能保持良好的透明性又能实现玻璃和钢骨架温度应力的降低。

（3）屋面铺设含湿材料。通过对水泥板屋面进行淋水能取得一定的降温效果，但是在炎热的夏季，淋水后屋面水分蒸发速度快，降温持续时间较短，而在屋面铺设含湿材料能够蓄存一定的水分，从而延长降温时间。早期的含湿材料采用的是粗麻布袋，随着建筑材料的发展，所采用的含湿材料形式也有所改变，如大阶砖、加气混凝土砌块、多孔砖等。

（4）屋顶水池、蓄水屋面。在屋面上设置蓄水池则是直接利用充足水体的被动蒸发冷却特性来达到改善室内热舒适度和降低建筑能耗的目的。在实际使用过程中，屋顶水池或蓄水屋面常常结合隔热板或者浅色反射体来取得更好的降温效果。

4. 绿化屋顶施工技术要点

屋顶绿化的施工不同于一般地面园林绿化的施工，首要因素是要符合建筑荷载、要安全牢靠，在施工前应对植物根刺、防渗漏、排水系统等重点、难点方案进行讨论，确保可行后再进行施工。

（1）屋顶绿化的荷载

屋顶绿化的荷载包括建筑荷载、新增材料荷载、施工荷载、人类活动荷载、其他荷载等。新增材料荷载包括耐穿刺层、保护层、排（蓄）水层、过滤层、种植土层、植物层及其他园林小品材料。此外，还应考虑后续的植物长大后的新增荷载、特殊气候情况下的风、雪、雨等环境荷载等因素。在计算荷载时应充分考虑各种因素，并结合原有建筑物是否能承受这些荷载，优化设计方案，保证建筑安全。

（2）屋顶绿化的防水

防水是屋顶绿化成功与否的关键技术，若发生漏水现象，就必须返工处理，这不仅对建筑产生很大的安全影响，也会影响工期、成本。所以，在工程建设开工前应认真研究防水处理施工方案，施工过程严格按施工方案进行。按规范要求普通防水层可采用双层防水层法及硅橡胶防水涂膜处理的方法来作防水处理，防水层施工完后在进入下一道工序前要进行 24h 的防水检验。

防水层除了上述方法外，经常还需要考虑一些植物的根系有穿刺能力，容易在生长过程中穿透建筑屋顶结构，造成顶板漏水甚至结构不安全。按照《种植屋面工程技术规程》JGJ 155—2013 要求，必须设置一道耐穿刺性能的防水材料，可以使用 EPDM 防水卷材（三元乙丙橡胶防水卷材）、改性沥青类耐穿刺防水卷材、高密度土工膜等材料。

（3）排（蓄）水层

在防水层上设置排（蓄）水层的目的，是当雨量太大时水能迅速通过种植土层到达排水层排出，减少屋顶承重压力，防止植物泡水，同时通过蓄水功能把一部分水积蓄起来，在土壤缺水时供植物吸收。排（蓄）水层最常用的材料是塑料排水板，具有排水、蓄水功能，材料轻便、施工简单、速度快，并且造价便宜。施工过程中要根据屋顶整体的排水方向铺设排（蓄）水层，一般采用搭接法施工，施工完后铺上一层过滤层，可选择土工膜、无纺布等材料。

（4）种植层及植被的选择

屋顶绿化的种植层主要采用轻质种植土，在普通种植土中加入改良材料，这样可以提高种植层的通气性、保水性，减轻建筑荷载。改良材料主要由木屑、椰糠、珍珠岩、泥炭、草木灰等组合而成。一般轻质种植土密度控制在 700 ~ 1600kg/m^3，具体密度可在配置时进行计算。

屋顶绿化由于受太阳光照、温度、昼夜温差、空气湿度、风力等生态环境的影响，植物生长环境相对较恶劣，因此对植物的选择要求更加严格，在考虑观赏性的同时，还应考虑以下几个因素：①生长健壮、容易成活、适应性强、修剪简单；②耐干旱、耐高温，能适应浅土层，还要能抗风；③生长速度较慢，易管理，便于养护；④能有效吸收污染气体，抗污染性能强。

（5）养护管理

屋顶绿化在设计施工之前就要着重考虑建成后的养护管理方案，特别是在浇灌、排水方面要充分考虑现有建筑屋顶的特点，最好能通过排（蓄）水层收集雨水作为绿化浇灌用水，达到海绵城市效果。

5. 节能效益

相关研究成果表明，对于公共建筑，当屋顶的传热系数减小时，建筑空调能耗及总能耗均降低，且变化趋势是一致的。当屋顶传热系数降低至 0.4 W/（m^2·K）时，建筑的空调耗电量节能率仅为 0.31%，总节能率为 0.50%。因此，可以得出，对于公共建筑，降低屋顶传热系数，有利于降低建筑能耗。

公共建筑屋顶不同传热系数能耗模拟结果比较　　表 4–3

屋顶传热系数 [W/（m^2·K）]	0.8	0.7	0.6	0.5	0.4
全年累计冷负荷指标（kWh/m^2）	194.71	194.57	194.41	194.26	194.1
空调耗电量（kWh/m^2）	77.88	77.83	77.76	77.70	77.64
空调耗电量节能率	0	0.07%	0.15%	0.24%	0.31%
全年累计负荷指标（kWh/m^2）	204.98	204.70	204.47	204.19	203.93
总耗电量（kWh/m^2）	81.74	81.63	81.54	81.43	81.33
总节能率	0	0.13%	0.24%	0.37%	0.50%

4.3.3　外墙垂直绿化技术

与门窗、玻璃幕墙相比，墙体达到较高的隔热性能比较容易，在夏热冬暖地去，采用一般的自保温材料就能达到较好的隔热效果，低能耗建筑外墙可以充分利用南方植物多样性的优势，进行外墙垂直绿化，一方面能有效降低建筑能耗，另一方面可以美化建筑。

1. 技术概述

攀缘类墙体绿化是利用攀缘类植物吸附、缠绕、卷须、钩刺等攀缘特性，使其在生长过程中依附于建筑物的垂直表面。攀缘类壁面绿化的问题在于不仅会对墙面造成一定的破坏，而且需要很长时间才能布满整个墙壁，绿化速度慢，绿化高度也有限制。

设施类墙体绿化是近年来新兴的壁面绿化技术，在墙壁外表面建立构架支持容器模块，基质装入容器，形成垂直于水平面的种植土层，容器内植入合适的植物，完成壁面绿化。设施类壁面绿化不仅必须有构架支撑，而且多数需有配套的灌溉系统。

（1）墙角四周

沿墙角四周种植爬山虎、常春藤、凌霄、金银花、扶芳藤等攀爬类植物，其中使用最多的是爬山虎。它的优点是造价低廉，但美中不足的是冬季落叶，降低了观赏性，且图案单一，造景受限制，铺绿用时长，很难四季常绿，多数无花，更换困难。

（2）骨架 + 花盆

通常先紧贴墙面或离开墙面 5 ~ 10cm 搭建平行于墙面的骨架，辅以滴灌或喷灌系统，再将事先绿化好的花盆嵌入骨架空格中。其优点是对地面或山崖植物均可以选用，自动浇灌，更换植物方便，适用于临时植物花卉布景。不足是需在墙外加骨架，厚度大于 20cm，增大体量可能影响美观；因为骨架须固定在墙体上，在固定点处容易产生漏水隐患、骨架锈蚀等影响系统整体使用寿命；滴灌容易被堵失灵而导致植物缺水死亡。

（3）模块化墙面绿化

其建造工艺与骨架 + 花盆防水类同，但改善之处是花盆变成了方块形、菱形等几何模块，这些模块组合更加灵活、方便，模块中的植物和植物图案通常须在苗圃中按客户要求预先定制好，经过数月的栽培养护后，再运往现场进行安装；其优点是对地面或山崖植物均可以选用，自动浇灌，运输方便，现场安装时间短，系统寿命较骨架 + 花盆更长，不足之处同“骨架 + 花盆”形式，且价格相对较高。

（4）铺贴式墙面绿化

其无需在墙面加设骨架，是通过工厂工业化生产：将平面浇灌系统、墙体种植袋复合在一层 1.5mm 厚的高强度防水膜上，形成一个墙面种植平面系统。在现场直接将该系统固定在墙面上，并且固定点采用特殊的防水紧固件处理，防水膜除了承担整个墙面系统的重量外还同时对被覆盖的墙面起到防水的作用，植物可以在苗圃预制，也可以现场种植。其优点是对地面或山崖植物均可以选用，集自动浇灌、防水、超薄（小于 10cm）、长寿命、易施工于一身；缺点是价格相对较高。

（5）拉丝式墙面绿化

将专用的植物攀爬丝固定在要绿化的墙面上，攀爬植物在攀爬丝上生长。景观效果好，遮荫隔热效果好，施工简便，造价低，后期养护费用低。

【应用介绍】

广东省建科大楼在 3 ~ 12 层的南侧和东侧采用了垂直绿化，每层设置花槽和竖向塑料防腐蚀网格，逐层交替种植使君子、羊蹄藤、金银花、炮仗花四种开花藤本植物，品种丰富。植物性能优良，只爬网，不爬墙，确保建筑外立面美观。如图 4-32 所示。

图 4-32　广东省建科大楼外墙垂直绿化示意图

2. 施工要点

外墙垂直绿化技术的施工主要包括六个步骤，第一是对种植中的塑料容器进行设计与加工，第二是根据实际情况进行绿化种植，第三是将绿化模块按照实际需求安装起来，第四是将日常所需的浇灌设施安装到外墙上，第五是对浇灌设施进行必要的调试，第六是对绿化后的外墙进行养护处理。其施工要点如下：

（1）结构层的设计。结构层的稳定性、刚度以及强度应当能够达到实际需求，能够承载绿化模块的重量。

（2）在塑料模块的设计与施工中，其尺寸、构造以及形状应当与钢结构架的情况相符合，保证浇灌系统、容器等都能够满足实际应用需求。塑料模块的外壁厚度应当达到 5mm，而中间隔挡位置的厚度应当达到 3mm。塑料容器应当一次成型，保证其高质量，同时其底部以及背部应当设置满足浇灌需求的孔洞。绿化种植时，植被的根应当能够从孔洞中穿出，从而更好地汲取营养与水分，同时也便于植物透气，增加其生长的稳固性。

（3）土壤与植被的选择。塑料容器在设计中会留有可以放置土容器的小方格槽，在土壤的选择上施工人员应当仔细斟酌，首先应当将轻质营养土放置在土容器中，然后配以浅根系植物，这种植物的覆盖能力较强，且其侧根相对发达，在生长中能够快速与营养土相结合，同时其具有较强的抗风性、耐湿热性、耐寒性、耐旱性以及耐强光性。另外，在选择植被时施工设计人员可以根据当地的气候条件等情况进行，然后再匹配适宜的营养土。

（4）模块安装施工。设计好的绿化模块需要在角铁支架上安装，为了增加其稳固性并便于拆卸，可以使用螺栓或者通过吊挂方式安装。

（5）浇灌装置的安装。支架的背面是安装浇灌装置的主要位置，所有应用的安装材料都要进行预制加工，在安装时可采用滴箭与滴头相结合的方式并对压力进行必要的补偿。浇灌系统中滴灌管道需要安装在绿化模块的相应位置，而滴箭则需要通过容器上的孔洞与土壤进行连接，整个浇灌系统受定时系统的控制。浇灌系统安装完毕后需开展必要的调试，保证系统能够正常运作，对绿化模块进行均匀浇灌，对压力进行必要的补偿则能够保证流量恒定，即使压力出现较大的起伏，水流量也不会有大范围的波动。

（6）养护处理。一方面是在运输及安装时，为了保证模块能够顺利投入使用，植被能够健康生长，施工人员应当对绿化模块予以必要的养护，避免其受到不必要的损坏与伤害；另一方面是竣工后，管理人员也要定期对植物作养护处理，使其能够在良好的环境中生长。

3. 节能效益

对于公共建筑，建筑能耗随着外墙的传热系数减小而降低。当传热系数降低到一定程度时，空调能耗的节能率趋于平缓。通过改变外墙传热系数减小的采暖节能率变化较大。当外墙传热系数降低至 1 W/（$m^2 \cdot K$）时，公共建筑空调耗电量节能率为 0.20%，总节能率为 0.37%。对于夏热冬暖地区若不考虑冬季采暖，外墙传热系数建议在 1W/（$m^2 \cdot K$）即可（表 4-4）。

公共建筑外墙不同传热系数能耗模拟结果比较 表 4-4

外墙传热系数 [W/（$m^2 \cdot K$）]	1.5	1.2	1	0.8	0.6
全年累计冷负荷指标（kWh/m^2）	194.71	194.45	194.31	194.29	191.30
空调耗电量（kWh/m^2）	77.88	77.78	77.72	77.72	77.72
空调耗电量节能率	0	0.13%	0.20%	0.21%	0.21%
全年累计负荷指标（kWh/m^2）	204.98	204.48	204.19	204.00	203.86
总耗电量（kWh/m^2）	81.74	81.54	81.43	81.36	81.31
总节能率	0	0.24%	0.37%	0.46%	0.52%

4.4 基于舒适性提升的环境营造与控制技术

4.4.1 开放空间与轻巧设计

在夏热冬暖地区，由于气候温和，人们的活动空间向外推移，从热传递路径上看，空间可分为缓冲区、工作区、产热区。由于不同空间人的活动形式和强度不一样，其热需求也各不相同，应建立不同的空间分区模式。譬如公共建筑的大堂空间，应与办公空间等工作空间在热环境营造上有所区分，根据前文对过渡空间的热需求分析，可作为一个热缓冲区。

因此，冷巷、天井、露台、敞廊、敞厅、敞梯、敞窗、敞门等开放性空间可以进行充分的安排，从封闭的室内环境中走向自然，空间自由、流畅、开敞。冷巷、天井可以形成荫凉的室外环境，炎热时可以利用自然风。而且，这些空间根本不用装空调，从而使得需要空调的建筑空间大大减少，这是从建筑设计方面最为有效的节能手段。

轻巧造型可以使得建筑不蓄积热量，加上建筑通透，有良好的自然通风，在夜晚很快就随气温下降快速散热而变得凉快，从而大大减少空调的开启时间。轻巧的造型风格，有利于遮阳构件的设置；通透的外观造型则非常有利于自然通风，有利于设置开敞空间。

【应用介绍】

广州市气象监测预警中心运用了大量的开放空间与轻巧设计，以期达到节约能源的目的。具体包括：①敞厅。入口门厅借鉴岭南传统建筑中敞厅的做法，结合观景鱼池、蔓延而下的草坡，将自然之景观纳入建筑之内。②天井。中庭借鉴岭南传统建筑的天井手法，达到拔风、自然采光的节能目的。③冷巷。冷巷空间将室外环境与内部的敞厅联系起来，将冷却的空气置换到室内，并诱导通风。④冷巷与庭院的结合。冷巷与庭院空间的相互穿插、结合为庭院空间提供了舒适的自然通风感受，同时达到了室内外环境的交融，营造出了可供休憩交流的舒适的公共空间。如图 4-33 所示。

(a)

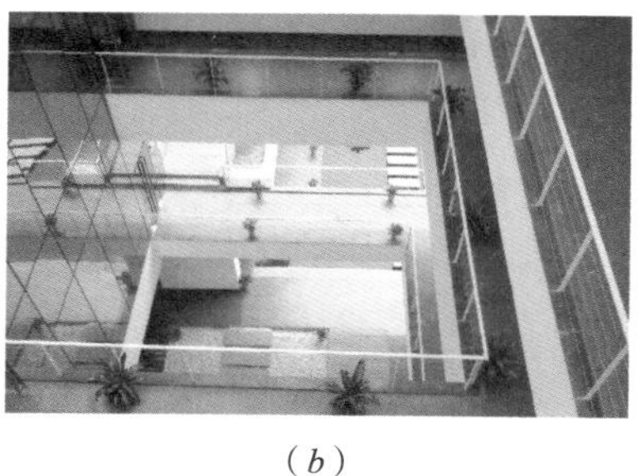
(b)

(c)

图 4-33 广州市气象监测预警中心开放空间设计示意图
(a) 入口门厅敞厅设计；(b) 开放式中庭和天井；(c) 冷巷与庭院空间的结合设计

4.4.2 气流组织设计与模拟

通过对多栋公共建筑使用人员的主观调研与访谈发现，多数反映对室内通风、气流组织不满意。为满足低能耗建筑室内舒适度要求，应开展室内空调气流组织仿真模拟、模型实测等，仿真模型可通过流体力学软件来优化设计，模型实测可在相关缩尺模型实验平台中根据需求调节内外环境参数和送回风参数，观察测验结果验证设计合理性。

【应用介绍】

广东省建科大楼设计时考虑了周边风环境的因素，进行了标准层室内风环境模拟，如图 4-34 所示，得到以下结论：

（1）在主导风向为北风的过渡季节自然通风工况下，首层室内平均风速大约在 0.4 ~ 1.0m/s 之间；在夏季东风的自然通风工况下，首层室内平均风速大约在 0.3 ~ 0.6m/s 之间；在夏季东南风的自然通风工况下，首层室内平均风速大约在 0.5 ~ 1.4m/s 之间。

（2）项目建筑布局合理，在全年各主导风向下均能实现良好的自然通风效果；通过对不利楼层的通风分析可知，在自然通风状态下风速分布比较均匀，风速适宜，通风效果良好。

（3）随着高度的增加，建筑立面前后压差增大，使得流入的楼层气流速度增加，楼层内的气流平均速度增加。

可见，通过合理的气流组织和通风设计，能够提供舒适的室内通风环境。

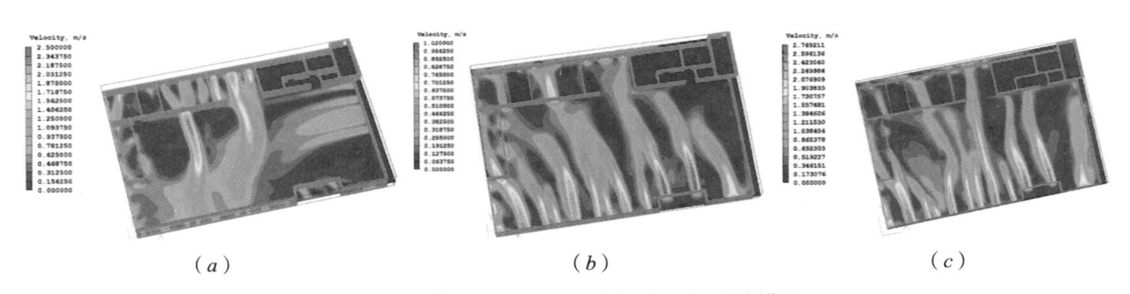

（*a*）　　（*b*）　　（*c*）

图 4–34　广东省建科大楼气流组织设计模拟

（*a*）主导风向为北风时，室内 1.5m 处风速分布图；（*b*）主导风向为东风时，室内 1.5m 处风速分布图；（*c*）主导风向为东南风时，室内 1.5m 处风速分布图

4.4.3 智能控制技术

可探索使用建筑构件、设备联动的控制系统，根据环境的变化实现智能控制，降低能耗，提高舒适度。如华南理工大学研发的联控系统实现了实验房间空调、吊扇和窗户的联动控制，控制装置能够很好地使室内处于允许的舒适范围内。将联控房间与纯空调房间进行对比可知，联控房间可以通过开启电扇和打开窗户以及电扇加空调，达到减少空调的开启和提高空调的设定温度，降低电量的消耗，实现节能的效果，节

能率达到 20%。

1. 楼宇自控系统（BA 系统）

楼宇自控系统（Building Automation System-RTU）主要是建筑物的变配电设备、应急备用电源设备、蓄电池、不停电源设备等监视、测量和照明设备的监控，给水排水系统的给水排水设备、饮水设备及污水处理设备等运行、工况的监视、测量与控制，空调系统的次热源设备、空调设备、通风设备及环境监测设备等运行工况的监视、测量与控制，热力系统的热源设备等运行工况的监视，以及对电梯、自动扶梯设备运行工况的监视。通过 RTU 实现对建筑物内上述机电设备的监控与管理，可以节约能源和人力资源，给用户创造更舒适、安全的环境。

楼宇自控系统是对大楼内所有设备进行智能化管理的一个平台，它可以让我们在电脑（中央站）前随时查看任一设备的运行状态，并根据需要对设备进行远程启停控制。也可以预设设备的启停时间，或根据预设条件对设备进行自动启停控制。当某一台设备出现故障时，它会以报警的方式提醒管理人员对该设备进行应急处理。

另外，BA 系统也是冷水机组、空调机组、新风机组不可缺少的控制平台，有了它，才能有效地控制空调机组、新风机组的送风温度。它可以根据空气温度计算出所需冷水的冷量，从而确定打开几组冷水机组来提供冷水，这样就避免了不必要的能耗浪费。

楼宇自控系统即将楼宇中所有的设备（包括空调、变配电、给水排水、电梯、照明等系统)进行监视并通过计算对以上设备进行最优控制。该控制系统与人工控制系统比较，具有以下几个显著的优点：

（1）节省能源：采用了 BAS 后，对于设备的管理可以根据预先编排的时间程序（如办公时间、节假日时间、昼夜时间等）对电力、照明、空调等设备进行最优化的节能控制。如根据办公时间程序来控制照明系统的开启，根据空调冷负荷量，调整冷冻机及相关水泵的开启状况实现最优化控制等。

（2）节省管理费用：采用了 BAS 后，原先的人工管理可以完全被取代。相应的管理费用，如人员工资、福利、住房、办公环境等费用均可节省。

（3）延长设备使用寿命：通过 BAS 管理的设备，可以完全依照设备的性能来进行控制，不会出现误动作导致设备损坏，也不会有长时间超负荷运转等对设备有损伤的现象发生，使设备能在最优状态长期稳定运行。

（4）提高管理可靠性：采用 BAS，可以提高管理系统的可靠性，不会出现人工管理的疏忽疲劳、判断失误的现象，而且这些问题往往会给业主带来无法估量的经济损失。

（5）规范管理制度：BAS 本身可以依据管理惯例对设备进行自动控制，它具有自动分析人员管理指令的能力，使得一些不规范的管理规范化。

楼宇自控系统主要对电力、照明、空调、给水排水、电梯等进行监控。在低能耗运行上具有非常重要的作用。

（1）电力及照明系统

安全可靠的供电是智能建筑的先决条件。运用 BAS 可以对开关与变压器的状态、系统的电流、电压、功率等参数进行监测，实现全面的能量管理，以达到节能的效果。

照明系统能耗很大，在大型建筑中往往仅次于供热、通风及空调（HVAC）系统。BAS 可以事先在操作站的日历上确定程序，区分“工作”与“非工作”时间，用程序设定开 / 关灯时间。另外，利用钥匙开关、红外线、超声波测量等方法控制可以达到人离开室内 5min 以内自动关灯。国外的分析报告指出，按以上设计方案实施的照明控制，大约可以节省 30% 左右的照明用电。

（2）空调与冷热源系统

空调与冷热源是建筑物中能耗最大的一项，在提供舒适的温湿度环境的前提下，BAS 能够使建筑物最大可能地降低能耗和延长设备的使用寿命。具体的节能措施如下：

1）尽量缩短冷冻机等冷热源设备的运行时间，减少运行台数与输出功率，避免设备无功运行，使冷热源系统处于最佳节能运行状态。

2）空气处理过程中，避免冷热量相互抵消，采用变新回风方法，最大限度地利用新风。

3）利用变风量与变水量等控制技术，实现水泵与风机的最佳状态点控制和最佳启停时间控制，降低能耗。

4）对非连续工作的空调对象，自动改变工作时间与非工作时间的设定值与控制目标值，实现节能控制。

5）采用自适应控制与模糊控制原理等高级控制软件，自动改变室内温湿度设定值，提高控制精度，以达到节能的目的。比如，一般要求夏季最高室温不超过 26℃，常规控制的空调系统的控制精度为正负 1℃，则设定值应为 25℃；如果控制精度为正负 0.5℃，则设定值可提高至 25.5℃。设定值每提高 1℃可以节省 8% 的冷量。一般来说，中央监控与常规空调控制相比，在提高控制精度方面，可以节省 20% ~ 30% 左右的冷量，这对于减少运行费用与节约能源均有重要意义。

6）通过减少设备的无功运行，以及对各种设备运行时间自动进行历史记录，并提示定期保养、维护时间，可以延长设备使用寿命。

【应用介绍】

珠江城大厦配备了先进的智能化控制系统，包括“BAS”和“PLC”控制技术。

（1）“BAS”

珠江城大厦采用机电一体化控制系统与 BAS 相结合的设计原则，暖通空调自控系统自成 BAS 的独立子系统。空调制冷、制热系统的群控系统工作原理为：根据末端空调负荷的变化，经群控系统计算优化开机的台数和与之相对应水泵的台数；根据室外空气状态的变化，群控系统自动改变冷水机组的运行工况，确保制冷系统在高效率区段运行；根据室外空气状态的变化，实现根据空调工况、过渡季节供冷却水工况与采暖工况运行模式信号，自动撤换其运行模式。BAS采用分布式集散控制方式的两层网络结构，管理层建立在以太网上，控制层则采用PRIFIBUS总线技术。在管理层，无论用何种协议，现场总线都有一定的节点容量，每条现场总线所组成的子网络由网络管理设备分别进行管理；在设备层，为避免PLC控制器的损坏造成大面积机电设备控制的瘫痪，每个楼层均设置楼层PLC控制器。

（2）PLC

珠江城大厦的空调与照明控制系统均采用PLC（Programmable Logic Controller，可编程逻辑控制器）控制技术进行控制系统的总集成。相比于常规大楼采用的DDC空调控制系统，PLC可根据硬件设备自由编写控制软件，其兼容性和灵活性非常高，当现场运行参数与设计值出现偏差时，可随时对控制策略进行修改和调整；另外，PLC的故障率很低，且有完善的自诊断和显示功能。38层冷冻水高、低区热交换站、冷辐射冷冻水热交换站、塔楼蒸发式全热热回收装置、楼层排风系统、车库送排风系统、塔楼热回收组合式新风空调器、首层大堂/顶层会所VAV系统、裙房二至六层和副楼新风空调器、照明控制系统均采用"PLC"控制系统。

2. 设备集成管理系统（BMS）

设备集成管理系统（BMS）是在BAS的基础上，将办公自动化系统、安防管理系统等多个系统的资源整合起来，形成一个庞大的有机体，避免不必要的重复建设，为业主提供全方位、立体式的服务。在采用集成系统之后，各个子系统间形成紧密的联系，例如门禁系统与中央空调的冷阀门之间建立一定的关联，冷阀门会根据门禁闭合次数判断室内的人流量，实时调节室内温度，为人们提供舒适的环境，最大限度地节省电能。因此，系统集成与独立系统相比，能够帮助管理者实现高效、节能的目的，是智能化系统的集大成者，也是智能建筑发展的最高境界。

BMS立足于各个维护建筑运行的自动控制系统，集成它们的信息，为建筑的管理、运营提供服务。同时，它还能提供有限的硬件系统控制层功能，为集成系统的集中监控、值班提供必要的服务。

BMS的目标是要对大厦内的所有建筑设备采用现代化技术进行全面、有效的监控和管理，确保建筑内的所有设备处于高效、节能、最佳运行状态，提供一个安全、舒适、快捷的工作环境。具体可分解为如下子目标：

（1）集中管理：可对各子系统进行集中统一式监视和管理，将各集成子系统的信息统一存储、显示在同一平台上，并为其他信息系统提供数据访问接口。重点是要准确、全面地反映各子系统运行状态，并能提供建筑物关键场所各子系统的综合运行报告。

（2）分散控制：各子系统进行分散式控制，保持各子系统的相对独立性，以分离故障、分散风险、便于管理。

（3）系统联动：以各集成子系统的状态参数为基础，实现各子系统之间的相关软件联动。

（4）优化运行：在各集成子系统良好运行的基础之上，提供设备节能控制、节假日设定等功能。

【应用介绍】

广东省建科大楼设有完备的通信自动化系统，确保通信和计算机网络能安全、可靠地运行。通信自动化系统为智能建筑的“中枢神经”系统，对建筑内外各种信息的收集、处理、显示、检查和决策提供支持，其功能有语音通信、数据通信、图形图像通信，以满足智能建筑办公自动化（物业网）、建筑内外通信的需要，并提供最有效的信息服务。符合国家标准《智能建筑设计标准》GB 50314 的要求。

智能化控制对空调通风系统冷热源、风机、水泵等设备进行有效监测，对关键数据进行实时采集并记录。智能化系统还对大楼的照明系统进行不同的控制，如单灯单控或回路控制等，控制策略可预先设定，也可根据需要现场控制；其控制的优先级顺序设定为：消防 / 安防控制、现场控制、智能化统一控制。除在保证照明质量的前提下尽量减小照明功率密度外，还可在相应区域采用感应式或延时的自动控制方式实现建筑的照明节能运行。如图 4-35 所示。

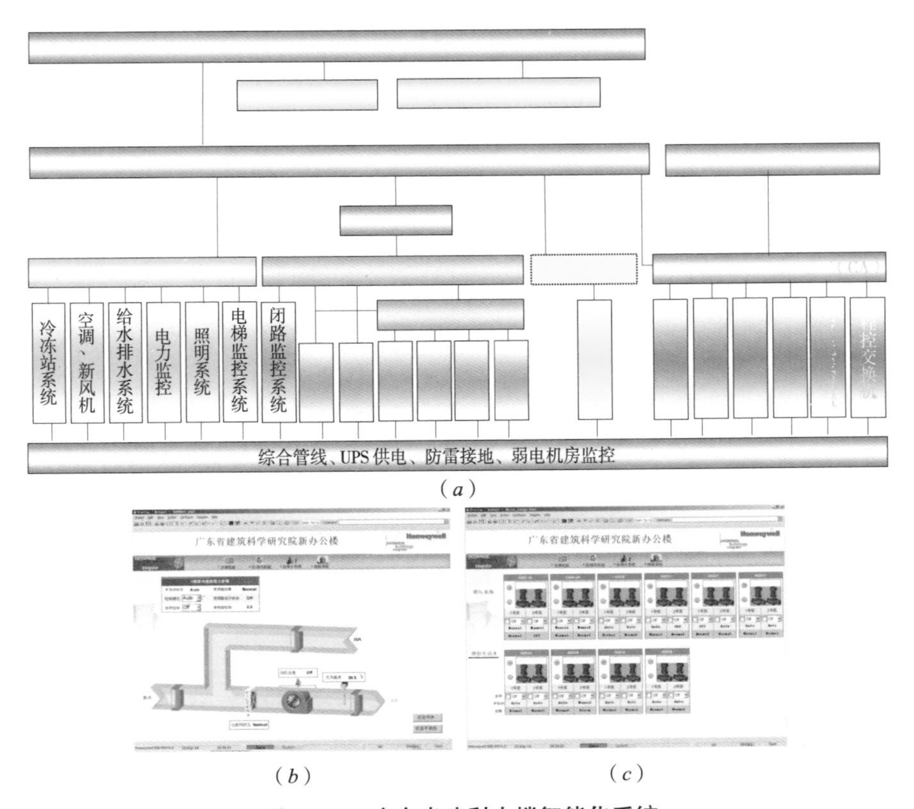

图 4–35 广东省建科大楼智能化系统

（a）智能化系统结构示意图；（b）空调系统自动监控；（c）给水排水系统自动监控

3. 智能照明

智能照明系统中，光亮度探测器对室内亮度进行检测，当亮度下降到设定阈值时，探测器通知单片机打开红外探测器电源。被动红外探测器若探测到人体进入的信号，会放大信号并输入到单片机主控电路，单片机得到有效信号后，立即发出继电器闭合信号，从而接通照明电路，并使该信号延迟一段时间 T。与此同时，主动红外探测器启动并转动扫描，扫描周期 $<T$。如果在 T 时间内某区域的主动探测器探测到了人体信号，则会放大信号并输入到单片机，再由单片机触发输出延时 T，使该区域的继电器保持闭合，从而保持该区域的照明。无论人是否走动，主动探测器都会不断扫描人体信号，使得延时不断被触发，从而保持室内照明，直到无人再关闭所有的灯。

建筑中灯具损坏的致命原因主要是电压过高，工作电压越高，其寿命则成倍降低。因此，适当降低灯具工作电压是延长灯具寿命的有效途径。智能照明系统通常能使灯具寿命延长 2 ~ 4 倍，不仅节省大量灯具，而且大大减少更换灯具的工作量，有效地降低了照明系统的运行费用。

智能照明控制系统使用了先进的电力电子技术，能对控制区域内的灯具进行智能调光，当室外光较强时，室内照度自动调暗，室外光较弱时，室内照度则自动调亮，使室内的照度始终保持在恒定值附近，从而能够充分利用自然光实现节能的目的。节能从源头开始，采用各类无线智能插座，即可避免各类电器照明用品在非工作状态时的待机浪费，并且，通过对各类电器、灯光的定时、自动控制，比如说，根据无线温湿度传感器、无线光照传感器感知到的数据，自动调节室内的光照强度，降低电器的能耗，同样也能延长各类电器、灯具的使用寿命。

4. 能耗监测系统

能耗监测系统是通过在建筑物、建筑群内安装分项计量装置，实时采集能耗数据，并具有在线监测与动态分析功能的软件和硬件系统。分项计量系统一般由数据采集子系统、传输子系统和处理子系统组成。

住房和城乡建设部 2008 年发布的《国家机关办公建筑和大型公共建筑能耗监测系统分项能耗数据采集技术导则》中对国家机关办公建筑和大型公共建筑能耗监测系统的建设提出了指导性做法，要求电量分为照明插座用电、空调用电、动力用电和特殊用电。其中，照明插座用电包括照明和插座用电、走廊和应急照明用电、室外景观照明用电等子项；空调用电包括冷热站用电、空调末端用电等子项；动力用电包括电梯用电、水泵用电、通风机用电等子项。

能耗监测系统不仅可实时、准确、全面、可靠地监测各个设备的能耗、能效数据，为管理者提供各个设备的能耗、能效的实时监测数据，并可按用户设定的能耗、能效水平对能耗过大、能效过低的状况进行通告及告警，提醒用户进行设备维护、保养或更换，还可为各设备的节能措施、节能设备的节能效果提供第一手的准确评估数据，更可为空调、通风、公共照明、办公照明、热水器等各类设备提供基于自定义时段、自定义策略、自定义阈值与联动对象和联动动作的自动节能控制，从而实现能源消耗的精确投放，达到节能的目的。

主要通过以下几方面达到节能目的：

（1）找到管理漏洞或能耗漏洞：因物业使用者的节能意识和管理水平缺失，其管理的建筑往往存在较大的能耗漏洞（如夜间空调箱风机长期不关，消防风机不正常开启等），通过观测相关用能系统不同时段的动态指标可以找到相应的能耗漏洞，加强管理后立即获得节能收益。

（2）优化系统运行策略：建筑物中的各用能子系统，特别是空调系统中的各子系统之间存在一定的关联关系。因其协调匹配（如冷机调节不当、冷冻站输配系统匹配不当、新风机系统调节不当、变风量箱调控不当等问题）不当而产生的用能浪费往往是物业管理人员不易发现，较难解决的。通过挖掘各用能子系统不同时间段的能效指标，暖通节能的专业人员可以较容易地发现运行策略不力的问题，长期不断地为物业管理人员提供合理的运行调节建议，进而达到降低能耗的目的。

（3）发现系统中某些重点用能设备的故障：大楼中的某些大型设备发生故障时（如冷冻机、新风机、水泵故障，或者阀门堵塞、传感器故障），可能并不是无法实现其功能，或者产生某些异常的噪声及异象，而仅仅是其使用能耗急剧增加、或者与其关联的某些设备的使用能耗急剧增加，物业人员例行的维护和巡检工作往往很难发现这些问题。通过在线能耗监测，我们可以很轻易地找到这些故障设备能耗的异变，进而发现其故障，进行检修，避免了因设备故障而造成能耗增加。

（4）提升使用者的节能意识：美国智能电表概念的大热源于其近期得到的一个心理学研究成果，该研究成果表明，让每一个使用者实时地了解其能耗的使用情况，有利于促进他们的节能意识，进而通过有效的行为节能方式（如人走“三关”、夏季调高空调设定温度等），降低建筑物的运行能耗。

（5）找到最佳的改造方向：同样是节能改造，同样需要那么多钱，有些方向是事半功倍，有些方向反之。拥有建筑物长期的分项能耗数据，就能够非常容易地让业主找到最合理的改造方向，估算改造潜力、节能预期及回收年限，谨慎、合理地使用每一笔投资。

4.4.4 防潮除湿技术

1. 防潮技术

建筑环境的潮湿是指两方面：一是建筑空间空气的潮湿，二是建筑实体本身的潮湿。潮和湿的含义基本相同。潮的范围较广，如潮气。而湿是指局部，如湿地面。空气的潮湿状况用“含湿量”与“潮湿程度”来描述,建筑实体的潮湿状况可用“呼吸作用”描述。

夏热冬暖地区的天气属于典型的湿热气候，常年炎热、潮湿多雨。在多雨季节，夏热冬暖地区的降水量和空气湿度骤增,建筑中常常出现“回潮”现象,首层地板上大量“出水”，室内的衣物、棉被等物品也会因吸收潮气而“发霉”。出现回潮主要有两个原因：首先，湿热气候下，当温度较高的潮湿空气遇到温度较低的密实地面，且地表温度低于空气露点温度，水蒸气就会结露产生冷凝水，地面出现细小水珠（即泛潮）。其次，沿海地区的地下水受海水补给，地下水位高，而大量降雨使得地下水位进一步上升，地下水返到表面上来也会造成地面回潮。

夏热冬暖地区传统建筑的防潮营造主要包含“防”与“导”两种思路。采用“防”的思路，主要是通过材料选择与局部构件设计隔绝水汽与建筑的接触，切断造成“回潮”的水源，使水汽不进入建筑室内。“防”是夏热冬暖地区传统建筑防潮设计的关键。而当水汽已进入室内之后，则需要采用“导”的思路使得建筑室内水分减少。

我国古代劳动人民在长期的实践中，逐步积累了一些防潮经验，虽然办法简单，但行之有效，有些措施仍有可资借鉴之处。几种防潮的构造设计如下。

（1）利用面层材料的吸湿作用

采用有吸湿作用的面层材料,让地面吸收凝结水是简便易行的方法。因此,对办公室、病房、托幼建筑等要控制使用水泥、磨石子及瓷砖等易引起泛潮的地面。虽然夏季这类地面对降温效果较好，但是质体密实，不吸水，蓄热性强，在潮霉季节会引起潮湿。干燥而表面带有微孔的耐磨材料（如陶土的防潮砖）、较粗糙的素混凝土表面、硅藻呼吸砖等都有一定的吸湿能力，能将潮气吸入地面面层暂存，当气温回升、气候干燥时，又逐渐蒸发而重返大气，达到“潮面不湿”的目的。

（2）底层地面采用架空做法

防止地面结露的方法为，根据当地潮霉季节的温湿度实际状况，保证地表面温度高于当时空气的露点温度。这要求室内空气温度不宜过高，地表面温度不宜过低。采用地面架空方法后,大大减弱了地温对地面面层的影响。由于地板的上下两个面同时接触空气,使表面温度易于增高，缩小了空气与表面之间的温度差。架空地面必须在外墙上设置通风洞，使地板下的空间通风流畅。

（3）设置防潮层

由于毛细作用，土壤中的水分会渗透到围护结构中，为防止这种现象，可在结构中设置防潮层。其中，干铺油毡的作用是防止地下潮气上升，使垫层和面层材料保持干燥状态。而干燥材料的导热系数值一般是较小的，这可使地面面层的热阻值增大，有利于提高表面温度。另外，干燥面层具有较大的吸湿性。

防潮层的做法有柔性和刚性两种。尽管柔性防潮层造价稍高，但防潮可靠，在夏热冬暖地区应用较广。柔性做法是先用 1 ∶ 2 水泥砂浆将墙身找平，再干铺卷材（现多用油毡）一层，接缝处应搭接严密，搭接长度至少为 50 mm，并用粘结材料粘牢；沥青油毡可用沥青作粘结材料。卷材防潮层的宽度应比墙厚至少宽 10 mm，以便与地面防潮层相连接。这是为了避免地下潮气沿墙上升而在内墙踢脚和外墙勒脚中设置的防潮层。对于水磨石、细石混凝土、混凝土等地面如有一定的防潮要求，可在垫层上刷冷底子油一道，热沥青两道，并在表面撒热粗砂一层，以便与上层有较好的结合。如防潮要求较高，在垫层上先用 20 mm 厚 1 ∶ 3 水泥砂浆找平，刷冷底子油后可做二毡三油或一毡二油，表面也撒热粗砂一层。

（4）组织间歇性通风

在建筑设计中充分重视加强室内通风，消灭通风的死角，既能增加空气与地表面的换热，也能减少地面泛潮现象。此外，在底层房间设置腰门，安装可调节的活动窗户，进行间歇性通风，例如安装百叶窗、窗顶设小型通气孔及设推拉活动窗扇等，由外界温湿度的变化来决定是否开窗。这些措施可使室内空气在接近地面处保持一定的厚度，使流入室内的较高湿度浮在上面不易与温度较低一些的地表面接触，对防止地面泛潮也有一定的作用。

2. 除湿技术

回南天是夏热冬暖地区等南方地区的特有现象。回南天是天气返潮现象，一般出现在春季的 2、3 月份，主要是因为冷空气走后，暖湿气流迅速反攻，致使气温回升，空气湿度加大，一些冰冷的物体表面遇到暖湿气流后，容易产生水珠。回南天现象在南方比较严重，这与南方靠海、空气湿润有关。“回南天”出现时，空气湿度接近饱和，墙壁甚至地面都会“冒水”,到处是湿漉漉的景象,空气似乎都能拧出水来。而浓雾则是“回南天”最具特色的表象。

“回南天”出现的时候，无论身处哪个角落都能感觉到空气中的“潮”意，地板冒水，家具、墙壁“冒汗”，衣服、床上都感觉有一股潮气，窗玻璃上是水蒙蒙的一片。“回南天”里，油漆剥落、墙面发霉发黑、家具和书籍发霉现象很为常见，粮油食品也容易发生变质。遇到“回南天”,空气中的水汽顺着电器散热孔渗入内部元器件,家用电器不仅变得反应“迟钝”，而且可能因潮湿造成线路短路而频发故障，严重的还会引起漏电事故和火灾。

冷冻除湿机、溶液体除湿机、转轮除湿机都可以用来除湿，但都有各自特点。另外，空调系统也可用于除湿工作。

（1）冷冻除湿机

冷冻除湿机的优点是体积小，除湿效率高，运行方便，根据不同场所的余热要求，可以灵活选择升温型、调温型、降温型除湿机，调温型除湿机的出风温度还可以在一定范围内调节，但是处理新风能耗较大。

（2）溶液体除湿机

溶液体除湿机的优点是除湿量大，运动部件少，还可杀死空气中的细菌，起到净化空气的作用，除湿程度较深，露点温度可以达到 –10℃左右。但是需要另外配置冷源和热源，管路部件多，如冷冻水管路、蒸汽管路、吸湿剂管路、再生空气排风管道和相应的流量计及阀门，吸湿塔和再生塔的结构、控制系统较复杂，对被处理的空气有一定的洁净度要求，吸湿剂要定期更换或过滤。

（3）转轮除湿机

转轮除湿机可以使被处理的空气达到很低的露点温度，对被处理空气的进风温度没有要求，运行可靠，维修方便，可除去空气中的细菌，起到净化空气的作用。缺点是运行能耗大，一般转轮使用寿命短，被处理空气的出风温度高，适合于对被处理空气的出风含湿量有较高要求而对出风温度没有要求的场合，再生空气出风温度高、含湿量大，需要另接单独的再生空气排风管道，把再生空气排出室外。

（4）集中空调系统

利用集中空调系统也可以实现除湿的功能，在回南天常见的除湿技术见表 4-5 所示。

常见的空调除湿　　表 4–5

序号	系统运行方式	功能	优点	缺点	适用范围
1	全部末端设备制冷除湿	冷却除湿	除湿效果明显，不增加额外的投资	可能造成室温过低现象	常用
2	仅有新风处理机组制冷除湿	冷却除湿	1. 直接将室外的空气降温除湿，有效地控制了湿源，起到事半功倍的作用。 2. 由于新风量仅占空调总风量的 15% ~ 20%，系统更节能。 3. 新风送风温度低但风量小，因此冷风对室内人员造成的不舒适感不明显	1. 冷源设备在此季节可能不开机。需要技术管理人员协调开主机。 2. 需要设置相应的湿度控制系统来启动末端设备。初投资略有增加	容易实现。因管理问题，不常用
3	采用移动的抽湿机进行除湿	冷却除湿并再热	抽湿机一般不会降温，有些还略有升温。直接除去室内空气中的水分，减少了室内的绝对湿度	增加投资，设备常年闲置，还需要占用空间	应用面窄。美术馆、博物馆类建筑比较适合
4	采用具有冷暖功能的空调末端设备进行加热	制热	对室内空气进行加热，减小相对湿度，可以有效控制结露现象。并使室内温度逐渐升高，当提高到接近室外温度时，可以直接自然通风，在一定范围内能满足人的舒适性	夏热冬暖地区一般公共建筑多以单冷的空调系统为主，近年来多联机的应用日渐广泛，可选择具有冷暖功能的多联机系统来实现。但设有冷暖空调的办公类建筑仅占少数	容易实现，适合设有冷暖功能空调系统的酒店、医院、办公建筑

续表

序号	系统运行方式	功能	优点	缺点	适用范围
5	室内空调末端设备增设电加热再热装置	制冷后再热	1. 除湿效果好，室内舒适。 2. 采用电加热再热装置，系统简单	初投资增加：由于直接采用电加热，运行费用略有增加	容易实现，但不普及，采用电直接加热，与节能标准有冲突
6	室内空调末端设备加再热盘管	制冷后再热	1. 除湿效果好，室内舒适。 2. 热源可以采用制冷时排放的冷凝热，比电加热节能	初投资增大：增加了一套再热管网系统，系统复杂	不普及，不经济。一般舒适性空调不采用
7	新风空气处理机组上设置电加热功能	仅新风制冷后再热	1. 除湿效果好，室内舒适。 2. 采用电加热再热装置，系统简单	初投资增加较少：由于直接采用电加热，运行费用略有增加	容易实现，但不普及，采用电直接加热，与节能标准有冲突
8	新风空气处理机组上设置再热盘管	仅新风制冷后再热	1. 除湿效果好，室内舒适。 2. 热源可以采用制冷时排放的冷凝热，比电加热节能	初投资增加较少：增加了新风机组的热源管网系统。若新风末端设备布置相对集中，再热管网较方式 6 简单	不普及，增加再热管网系统仍然被认为复杂
9	利用新风全热回收设备对新风进行降温除湿	降温除湿	系统简单	1. 除湿效果不明显。 2. 过渡季新风全热回收设备一般切换为旁通运行，新风并不经过热回收机组，需要手动转换或者增加自控模式	一般被忽略，可以深入研究
10	温湿度独立控制——溶液除湿	—	可以单独除湿	若采用溶液除湿设备，造价高，机房占用面积大	适应面窄。夏热冬暖地区目前较少使用
11	温湿度独立控制——双盘管除湿	—	可以单独除湿	对冷源的水温要求高	不常见，对空调冷源及末端设备要求高
12	自带冷源及再热盘管的新风处理机组	新风制冷后再热	1. 除湿效果好，室内舒适。 2. 热源可以采用制冷时排放的冷凝热，比电加热节能。 3. 新风机组可以独立运行，不需要启动冷源设备。系统更节能。 4. 不需要增加再热管网系统，系统简单	新风机组自带冷源，需要设置独立的散热设备或系统。初投资略有增加	不常见，可以深入研究

通过上面的分析比较发现，在回南天，集中空调系统的除湿方法很多，各有优缺点。除湿时需要考虑的因素按重要程度排序应该是初投资、舒适性，最后才是节能。在方案的选择上，可以根据实际情况进行。优先利用现有的空调系统，优化管理与控制模式，通过人工或者自控方式，实现制冷，同时改善制冷时人员的舒适性，并且兼顾节能。

对于夏热冬暖地区一般的公共建筑，夏季冷负荷大于湿负荷，只要对室内空调进行制冷，一般湿度也控制住了。但在过渡季，会出现湿负荷大于热负荷，或者只有湿负荷而没有热负荷的情况。因此，很多设计师忽略了这个季节，只按空调设计工况配置末端设备，而出现了在过渡季室内湿度大却无法解决的状况。特别是在一些酒店建筑内，会出现室内装饰材料或者墙体发霉的情况。因此，集中空调系统设计，需要重视全年的湿度变化情况，考虑系统全年的运行状况，复核空调系统在春夏之交的热湿天气是否满足除湿要求，如果不满足，应增加除湿设备，使室内相对湿度维持在 40% ~ 60% 较为舒适的范围内。湿度控制有困难时，至少应保证其小于 70%。

综上所述，对于利用集中式空调进行除湿工作，应注意以下问题：

（1）集中空调系统除湿能力的实现，需要综合考虑初投资、人员舒适度及节能三个方面。宜选择能实现冷暖功能多联的集中空调系统，通过空调末端设备加热空气来减少室内空气的相对湿度。

（2）对于过渡季室内空调仍需制冷的建筑空调系统，不必单独考虑空调设备的除湿功能，空调制冷的同时，湿度也得到控制。例如大型商场、进深大的办公楼、不能自然通风的办公楼、会展建筑等。

（3）对于可以采用全新风运行的空调系统，当室外相对湿度过大时（例如大于 80%），应该考虑转换为最小新风量运行，如果最小新风量运行不能带走室内余热，则自动转为制冷工况。对于部分建筑，室内发热量小，不需要制冷，建筑表面温度较低，低于室外温度超过 3℃以上，湿度较大的情况下，即使采用最小新风量，直接送风也可能遇到冷表面结露，这种情况应该对新风进行独立除湿。

（4）对于可以采用自然通风的公共建筑，当室外空气湿度过大时，需要紧闭门窗防潮。但是新风系统仍然需要开启，如果新风湿度过大，并且室内温度低，不需要空调制冷，则可以采用对室内进行制热的方式，减小室内空气的相对湿度，或者需要在新风系统上设置能独立除湿的空气处理设备。

（5）对于游泳池等以除湿为主的项目，还需要进行全年的除湿过程分析。

（6）对于酒店类建筑，不适于采用全部空调设备制冷除湿的方法。

（7）对于医院建筑的特殊房间宜另设独立除湿系统：监护病房相对湿度宜为 40% ~ 65%；血液病房相对湿度冬季不宜低于 45%，夏季不宜高于 60%；烧伤病房相对湿度冬季不宜低于 40%，夏季不宜高于 60%，室内温湿度可按治疗进程要求进行调节；过敏性哮喘病室相对湿度宜为 50%；一般手术室室内相对湿度冬季不宜低于 30%，夏季不宜高于 65%；检验科、病理科、实验室室内相对湿度冬季不宜低于 30%，夏季不宜高于 65%；磁共振室、核医学科所有具有核辐射风险的用房宜采用独立的恒温恒湿空调系统，相对湿度应为 60% ± 10%；中心（消毒）供应室无菌存放区室内相对湿度冬季不宜低于 30%，夏季不宜高于 60%。

4.5 高效的用能设备和管理模式的综合运用

4.5.1 空调设备和操作管理节能优化技术

采用高效的空调设备技术，包括热泵技术、输配系统能效技术、湿度、温度独立控制技术、太阳能辅助热源的空气源机组、蓄能空调技术等。采用温度、湿度独立控制的空调方式，将室外新风除湿后送入室内，可用于消除室内产湿，并满足新鲜空气要求。

绝大部分大型公共建筑采用的是集中空调系统，这类空调系统由于规模大、设备类型和型号多、运行工况复杂多样，在具体运行过程中存在很多问题，例如空调系统运行负荷远远小于设计值、各输配系统在实际运行中搭配不合理，系统机组运行时间与实际负荷需求不匹配等。这些问题不仅导致室内热舒适不能正常满足，还造成集中空调系统能耗不必要的增加和能源不合理的消耗。从另一个方面来说，也能看出集中空调系统改造和优化的节能潜力所在。夏热冬暖地区以水冷方式为主的集中式空调系统，其节能操作与管理优化主要有能源计量、能源利用、运行管理基本要求、系统节能检查、系统节能维护保养、运营性能评价、故障诊断等方面的技术。

1. 热回收技术

常见的热回收技术主要分为两大类，即排风热回收和冷凝热回收。

排风热回收的原理如图 4-36 所示，从空调房间集中排出的空气，经过热回收装置与新风进行换热，对新风进行预处理，而换热后的排风以废气的形式排出。经过预处理后的新风与回风混合后，再被处理到送风状态点送入室内。其中，辅助加热 / 冷却盘管的作用是，当排风中回收的热量不能够将新风处理至送风状态点时，对这一空气进行再处理。新风的入口处设置的旁通管道作用是，若室内外焓（温）差较小或者处理风量很小，采用排风热回收设备后达不到节能的目的时，就将旁通管道的阀门打开。排风热回收装置针对的是空气之间的换热，也被称为空气—空气热交换器。

根据热回收装置的不同，排风热回收又可以分为全热回收机组和显热回收机组。显热回收机组形式主要有板式显热回收机组和热管式显热回收机组等。显热回收机组主要靠温差显热交换来回收余热，设备运行可靠、安全，但因为仅能回收排风显热部分，

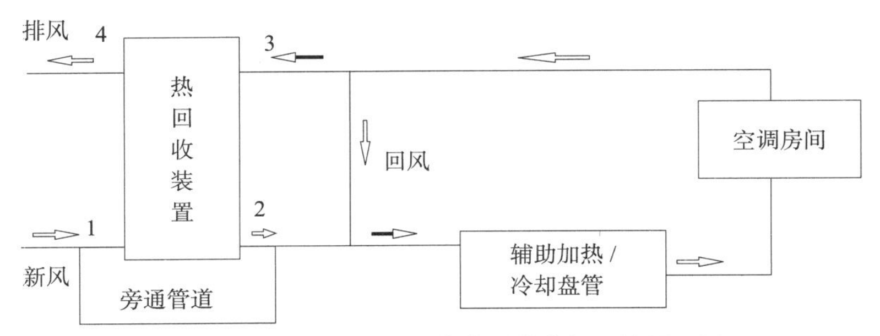

图 4–36　带排风热回收装置的空调系统原理图

因此回收热效率有限；而全热回收机组能对热、湿中的能量均进行回收利用，故其回收效率更高，常见的有板翅式热回收机组、转轮式热回收机组和溶液吸收式全热回收机组等。

冷凝热回收的原理如图 4-37 所示，其基本工作原理是在制冷原理的基础上，将原本向高温环境排放的废热加以回收利用（全部或部分），以产生温度较高的生活热水，供用户使用。其工作过程如下：从蒸发器回来的低温低压制冷剂气体，通过压缩机对其压缩做功，使其变成高温高压的气体，然后进入冷凝器中。此时，加装了冷凝热回收装置的机组，通过常温的水吸收部分冷凝热，使水温升高至 50 ~ 60℃，同时冷凝器中的高温高压制冷剂气体得到部分冷凝，成为中高温高压制冷剂气液混合体。然后到下一段冷凝器中进一步由冷却水进行冷凝放热，使制冷剂彻底发生相变，全部变成中温高压液体。然后经过膨胀阀中的绝热膨胀，使其变为低温低压制冷剂液体。然后送入蒸发器中，吸收低温环境中的热量，制冷剂发生相变变为低温低压气体，再进入压缩机中继续压缩开始下一个循环。

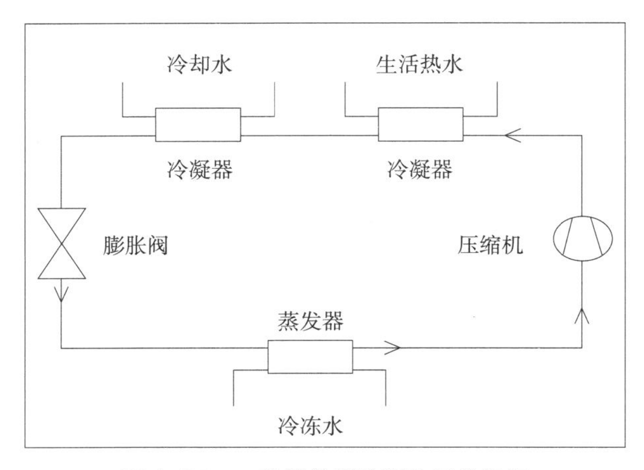

图 4–37　一种简单的冷凝热回收机组

由冷凝热回收的工作原理可以看出其具有如下的特点：热回收温度较高，通过热回收器的水温可达 50 ~ 60℃，比普通经过冷凝器的水温 30 ~ 35℃高约 20 ~ 25℃；改善了设备的工作条件，因在制冷设备的基础上增加热回收器，增加了制冷剂的过冷度，增大了制冷效率，节省用电，增加了设备使用寿命；免费获得使用热水，节省了制造生活热水的用电或燃料成本；环保性能提高，回收了部分本来排放到大气中的废热，无燃烧排放污染；采用热回收器机组，热回收器的工作不影响制冷机组的正常工作。

冷凝热回收根据冷凝热利用方式主要分为直接式和间接式。直接式是指在制冷空调装置中加装热回收器及相应的配套设备，直接利用制冷空调装置排出的全部热量；间接式是指在制冷空调冷却水系统中加装水源热泵机组，把冷却水作为热源利用。这两种方式各有特点。对于间接式，由于其系统较复杂，需要增加较多设备，改变一些流程，并且冷凝温度通常需要提高，才能达到需要的温度，这样就对制冷循环的性能产生了一定的影响，制冷的能耗增加。因此，这种热回收方式一般适用于既需要制冷同时又需要供热的制冷供热系统，尤其是供热负荷较大、较稳定的场合。

采用较多的一般是直接式冷凝热回收方式。直接式又可分为两类：一种是只利用压缩机出口蒸汽显热，蒸汽显热一般占全部冷凝热的 15% 左右，按照热水的需求量和显热计算得出热回收器的片数，其他的冷凝热在冷凝器中被冷却水带走；另一种是利用全部的冷凝热。二者比较由于前者只利用蒸汽显热，热回收器的压降较小，使得冷凝器中压力较稳定，对制冷影响较小。

2. 变频技术

由于在空调设计时，为保障空调能满足使用需求，传统设计值都是在满足满负荷运行情况下选取的。但实际运行时，空调基本是处于部分负荷状态。而这时机组各部件若仍保持满负荷状态运转，必然造成大量的能源浪费。因此，近年来运用变频措施来实现空调节能的技术日趋成熟，主要有冷水机组变频技术、水泵变频技术和风机变频技术三大类。

冷水机组变频技术主要是针对变频技术降低压缩机中电动机的转速，以适应冷水机组的部分负荷，相对于定额电动机，变频压缩机的效率和功率因数都可以大幅度提高，从而达到明显的节能效果。图 4-38 所示是螺杆压缩机变频与定频调节在各种负荷下的耗电对比。如果综合考虑运行工况中的各种因素，使用变频技术后，冷水机组全年可以节省耗电 30% 以上，机组的 *IPLV* 也可以得到大幅度提高。同时，压缩机采用变频技术还可以降低机身的磨损，实现软启动，延长机组的使用寿命。并且可以较精确地控制冷水机组使用侧的供水温度，提供空调系统的舒适度，也减少机组的启停次数。当然，变频技术也会增加初期的成本投入，且使用压缩机变频技术需要仔细核实轴承允许的最低转速并使用更高黏度的润滑油，还需要关注解决变化的压缩机运转频率在和设备固有频率接近时会导致设备发生共振以及变频器产生谐波的控制问题。

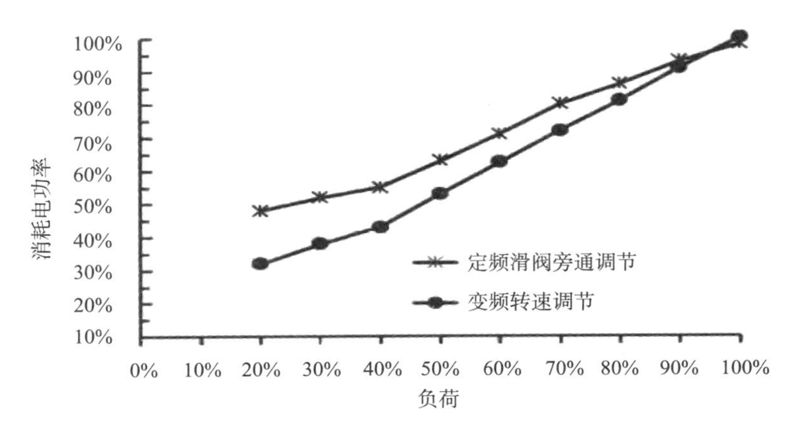

图 4–38　螺杆压缩机变频与定频调节在各种负荷下的耗电对比

水泵变频技术主要是针对部分负荷工况，对冷却水和冷冻水水泵进行变频控制。传统的阀门调节方式是以改变系统的阻力，消耗水泵的富裕压头为代价；或者增加旁通或分流回流，使富裕的流量短路返回，白白浪费了循环水泵的功率。相比于这两种调节方式，水泵变频技术则是根据实时的负荷变化规律进行变水量适时调节，从而降低水泵的能耗，达到节能效果。不过需要注意的是，水泵的变频控制会对整个制冷机组的效率产生影响。有研究分析表明，部分负荷下，在保证空调末端冷负荷的需求和机组基本流量需求的情况下，冷冻水水泵的频率降低可以达到水泵高效节能的目标。而对于冷却水水泵，降低其频率，机组的性能系统 *COP* 会下降。一般来说，冷却水泵的相对功率越大，节能效果越好，但冷却水流量也不是越低越好，需要根据机组性能和冷却水泵的工作曲线确定流量的下限值。

风机变频技术是根据系统负荷大小的变化，对系统风机进行转速调节，控制风机输出功率，从而达到节能降耗的效果。在选择风机变频器时，应综合考虑风机电动机型号、变频器外围设备及系统控制方式等共同选择变频器容量，以避免出现变频器与系统设备容量不符，变频器经常出现过热、不能满负荷运行等状况，进而导致整个系统故障的问题。同时，在变频器选择功能时，还应注意是否有瞬间停电再启动功能，是否具有消防模式或具备消防模式二次开发模块，以避免变频器再启动时输出频率与电动机频率不符而可能导致的过压或过流保护，甚至损坏设备等其他不良情况出现。

3. 蓄冷技术

蓄冷技术是指利用设备在夜间用低谷电制冷，将冷量以冷水或凝固状相变材料的形式储存起来，而在空调高峰负荷时段部分或全部地利用存储的冷量向空调系统供冷，以达到减少制冷设备安装容量、降低运行费用和电力负荷削峰填谷的目的。当前常见的蓄冷技术主要为冰蓄冷和水蓄冷。

冰蓄冷技术就是通过水的固液变化来进行释冷和储冷，并在需要制冷时通过融冰系统融冰并释放冷量到用户侧。冰蓄冷技术在夜晚低价电时段采用双工况制冷机组储能，通过水或共晶盐相变材料在蓄冰槽内冻结成冰来保持冷量，在白天电价较高时段双工况制冷机组停止运转，利用蓄冰槽内冻结的冰融化释放出来的冷量供应用户侧冷却需求（图 4-39）。

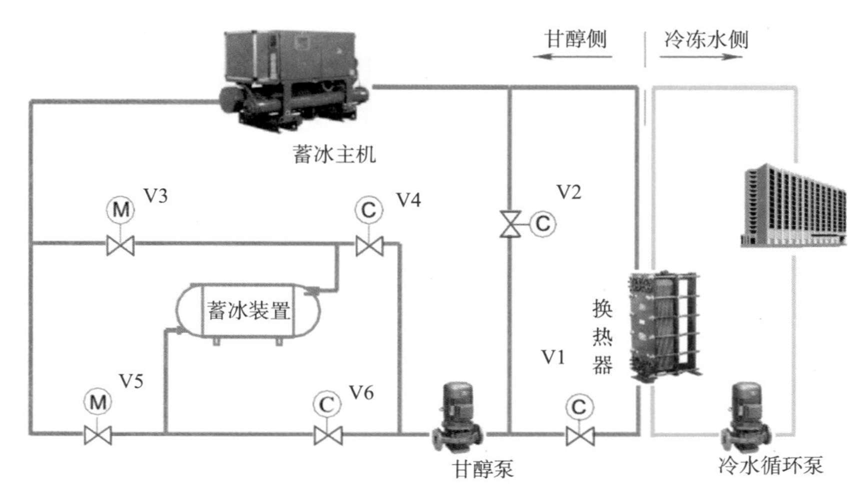

图 4–39　冰蓄冷技术系统原理图

水蓄冷技术是利用水的显热进行蓄冷和释冷。利用双工况主机在夜间电力低谷时期运行，降低水槽内水温，为水槽蓄存冷量。当白天建筑需要冷负荷时，将水槽中的冷冻水通过换热器循环到建筑物中以满足冷负荷需求，从而达到电力“移峰填谷”的目的。水蓄冷系统的优点是使用常规冷水机组，增设的蓄冷系统不会造成冷水机组效率的降低。初投资相对于冰蓄冷系统较少，系统简单，维修方便。既有建筑可将消防水池和地下室改造为蓄冷槽，进行空调系统扩容，减少初投资，由于取冷速率快可作为数据中心备用冷源。缺点是蓄冷密度小、蓄冷槽体积大、占用空间多、冷损耗大（图 4-40）。

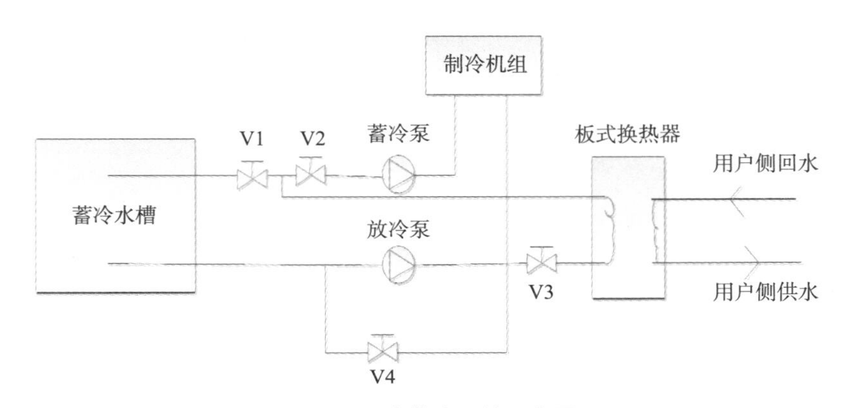

图 4–40　水蓄冷系统示意图

4. 大温差系统

大温差系统是在空调设计工况和设计负荷下的节能技术，通过提高冷（热）量输送过程中的载冷（热）剂的温差来提高冷（热）量的输送效率。大温差可以在冷冻水侧、冷却水侧实现，也可以在空气侧实现，故常规大温差系统主要分为冷冻水大温差系统、冷却水大温差系统和风大温差系统三种。

冷冻水大温差系统是指相对于常规冷冻水设计温差 5K 而言，冷冻水大温差系统可以达到冷冻水温差 6 ~ 10K。冷冻水出水温度的高低对冷水机组的效率有很大影响。冷水机组冷冻水出水温度越低，冷水机组效率越差。研究表明，当水温在 5 ~ 10℃时，出水温度每降低 1K，冷水机组的效率下降 3% ~ 4%。冷冻水大温差系统实际上是以牺牲冷水机组的效率，换取冷水输配系统能耗的降低。该系统可使冷水输配系统选用更小的水泵和管材配件等，从而降低投资和运行成本。

冷却水大温差系统的关键是冷水机组和冷却塔。同冷冻水大温差系统一样，冷却水大温差系统的低流量同样可使得冷却水输配系统能耗降低，并节省投资和运行费用。冷水机组的冷却水出水温度升高对冷却塔散热有利，因为冷却塔的进水温度提高，有助于加大冷却塔进出风的焓差，从而可以降低冷却塔风机的功率，提高冷却塔的换热效率，降低冷却塔和冷却水泵以及相应管路系统的初投资，但会对冷水机组的运行效率有一定影响。但相对于冷冻水温度变化对冷水机组的影响来说，冷却水出水温度的变化影响更小。研究表明，当冷水机组的冷却水出水温度在 30 ~ 39℃时，出水温度每升高 1K，冷水机组效率下降 2% ~ 3%。多数离心冷水机组在水温超过 40℃时，效率下降将会加剧。

风大温差系统主要是以提供低温冷冻水为前提，合理降低空调末端送风温度的大温差低温送风技术。相对于送风温度范围在 12 ~ 16℃的常温空调系统而言，所谓低温送风空调系统是指系统运行时送风温度小于或等于 11℃的空调系统。低温送风的基础是在满足显热量需求的前提下有效地减少送风量。在暖通空调设计中，减少送风量具有许多优势，如减少材料和施工成本、改善空调系统舒适度、降低噪声和提升室内空气品质，同时也可以节省部分运行费用。

除了上述常规的大温差系统，还有与其他系统结合的新型大温差系统，如与冰蓄冷系统结合的低温送风大温差及冷冻水大温差系统、低温送风大温差及乙二醇溶液大温差系统等，这些新型的大温差系统可提供更大的送风温差与冷冻水（溶液）温差。

需要注意的是，如前文所述，大温差系统实际上是用牺牲冷水机组的效率换取输配系统电耗的下降，从而试图使整个系统运行电耗下降，但每个具体应用项目的特点不一样，且影响冷水机组和水泵能耗的因素较多，所以并不是每个项目使用大温差设计都能实现能耗的下降，需要因地制宜地深入分析进而采用合适的技术。

【应用介绍】

珠江城作为三星级绿色建筑，具有十分优秀的建筑节能性能，其空调系统采用了多种节能技术，非常值得借鉴。

（1）辐射制冷带置换通风系统加热泵余热利用技术

该系统充分利用水体良好的热交换特性，采用水而非空气作为冷媒，通过水的循环带走顶棚中聚集的热量，降低顶棚温度，并通过顶棚持续向下辐射冷量达到降低室温的目的。办公楼的内区设置金属吊顶冷辐射系统，冷辐射板按单元设计，每个单元的冷冻水压力降控制在 30kPa 以内，每个单元提供一组冷冻水供回水管，其回水管上设置干球温度控制和露点温度控制的电动二通阀，执行露点温度控制优先的原则，控制房间温度和保证冷辐射板不结露。如图 4-41 所示。

（a）　　　　（b）

图 4–41　珠江城大厦辐射制冷系统

（a）顶棚辐射制冷系统效果图;（b）辐射冷板

（2）冷水机组串联 + 大温差制冷技术

珠江城大厦采用冷冻水梯级使用的大温差串联冷水机组制冷系统，由两组（900RT+900RT）串联运行的水冷离心式冷水机组、两组（225RT+225RT）串联运行的乙二醇溶液冷却螺杆式热泵冷水机组组成。冷水机组串联制冷系统，就是使冷冻水依次通过两台机组的蒸发器，依次降温。冷冻水供回水温度为 6℃ /16℃。即 16℃冷水回水首先进过第一台冷水机组，温度降低到 11℃；再经过第二台冷水机组，温度降低到 6℃。第一台机组由于出水温度较高，因此制冷剂蒸发温度相应提高，从而提高机组效率，运行能耗低，再通过第二台机组常规温差串联，实现整个系统的大温差运行，从而使整个主机侧的运行能耗大大降低。

经过比较和论证可知，无论是系统能效比、部分负荷运行效率，还是使用的灵活性，该系统均优于高（冷冻进 / 出水温：17.5℃ /14.5℃）、低（冷冻进 / 出水温：5℃ /13℃）温分系统。相对于常规温差设计，其冷冻水的输送流量减小 50%，同样其冷冻水泵的运行能耗将节省 50% 左右，节能效果显著。

（3）冷冻水梯级利用技术

冷冻水梯级使用系统即一次冷冻水依次先进入组合新风空调器，水温从 6℃升至 11℃然后再进入冷辐射用板式热交换器，温度从 11℃升至 16℃，然后回到高温主机；冷辐射板和干盘管的冷冻水由冷辐射用板式热交换器提供，冷辐射板和干盘管的进 / 出冷冻水温度为：16℃ /19℃。该系统实质上是根据末端空调处理系统的能量品位需求，合理供应冷冻水的供、回水温度（即冷冻水供应品位），避免出现高品位能量低品位利用的内在浪费现象，其既节省了空调系统的初投资，也大大地节省了空调的运行能耗。

（4）乙二醇溶液冷却螺杆式热泵冷水机组制热技术

珠江城大厦开创性地采用乙二醇溶液冷却螺杆式热泵冷水机组，夏季供冷、冬季供暖。该机组总装机热负荷为 3165kW，板换的低温端循环水泵设置温差控制变频节能系统，板换的高温端设置压力控制的变频控制系统，过渡季节空调冷源的开停状态根据室外空气的湿球温度确定，这样可以弥补高层建筑受室外空气动压的影响而不能实现开窗自然通风的不足，大大地节省过渡季节的空调能耗。该技术巧妙地实现了一机多用和制冷系统的一致性，既节省了初投资、节约了装机有效建筑面积和解决了风冷热泵机组所带来的环境噪声污染和振动问题，也提高了夏季的制冷效率，同时也能维持与风冷热泵机组相当的制热 *COP* 值，其节能效果也是非常明显的。

（5）温、湿度独立控制技术

珠江城大厦采用温、湿度独立控制系统，冷辐射空调系统和干式风机盘管系统担负消除室内大部分预热、控制室内温度的任务；而置换送风系统担负消除室内预湿、控制室内相对湿度的任务，空调送新风系统采用相对湿度控制送风量的“VAV”系统。冷辐射空调系统的空调房间的舒适温度通常可以比传统空调高 1 ~ 2℃，这样可以降低空调冷负荷，节省能源；由于冷辐射系统为自然对流和辐射传热，没有循环风机，可以节省大量的风机能耗；该空调系统可以确保房间温、湿度准确到位，从而使房间的舒适度得到保证，避免空调系统的过度除湿而造成的空调能耗浪费，节省空调运行能耗；另外，温、湿度独立控制系统使用冷冻水的品位高低分明，为设计先进、节能的制冷系统、大温差冷冻水系统和冷冻水梯级利用系统创造了条件。

（6）“VAV”送新风技术

珠江城大厦的首层大堂采用地板“VAV”送风系统，空调房间的周边区设温控风机动力型“VAV”箱，内区设温控“VAV”变风量箱。9 ~ 70 楼办公区域主要采用温、湿度独立控制和需求化“VAV”送新风空调系统。空调系统主要由“VAV”送新风系统、周边区干式冷却风机盘管系统、内区金属吊顶冷辐射系统和压力控制的排气系统等部分组成。空调风机可根据空调房间温度变速运行，改变送风量，减少空调风机功耗。与常规空调风机系统相比，该系统年减少运行功耗约 50%，节省费用。采用的“VAV”送风系统真正实现了根据人流密度变化而变化的需求满足，确保新风量的供应合理、准确，节能效果是显著的。

（7）过渡季节全新风运行

大厦的首层大堂和裙楼大堂在过渡季实施全新风运行，在满足室内舒适性要求的前提下，节省空调能耗的同时提高室内空气质量与人员健康。

（8）全空气全热回收技术

珠江城大厦 2 ～ 70 层办公楼的排气系统以及 –5 ～ 70 层卫生间的排气系统设置全封闭蒸发式全热回收系统。排风热回收系统是采用水作为热量传递介质，由循环水泵、排风热回收装量和组合新风柜热回收表冷器组成，新排风风机均设定风速的变频控制系统。热回收系统与新风系统一一对应，分段分区设置。全新设计的全热回收系统与空调新风处理系统巧妙结合的全封闭蒸发式热回收装置，实现了全部空调排气的高效全热回收，实现了内部热量的内部转移，避免了外部热源需求所造成的能耗增加或二次回风而增大空气输送量所造成的输送能耗增加，因此节能效果显著。

（9）空调冷凝水回收技术

由于空调系统冷却塔安装在大楼的首层，在不消耗任何辅助能源的情况下，大楼的全部空调冷凝很容易实现回收。空调系统设置冷凝水回收系统，所有空调冷凝水经主管井送入冷却塔，降低冷却塔出水温度，从而节省主机的运行能耗，同时也节省了大量的空调补给水。

（10）变频控制技术

珠江城大厦的首层大堂和裙楼大堂在过渡季实施全新风运行，新风阀和回风阀的开关由设于室外的空气焓值感应控制器控制；另外，送风机设置送风压力控制的变频控制系统、冷冻水回水管上设置回风温度控制比例积分电动二通阀，大大地节省空调运行费用。

4.5.2　照明节能技术

电气照明设施主要包括照明电光源（例如灯泡、灯管）、照明灯具和照明线路三部分。在低能耗建筑技术体系中，照明设备主要是采用高效的节能设备，光源方面主要有节能荧光灯（普通节能荧光灯和螺旋型节能荧光灯）、发光二极管（LED）、固态照明（SSL）光源等；在灯具整合方面，高质量（高开关速度和大电流）的半导体器件和数字技术广泛应用，用高频技术制造的高质量的镇流器（适合气体放电灯）和驱动器（适合固态光源），在功能（效率、调光与适配性）、体积、质量上都具有很高的水平，产品效率高，可靠性好，寿命长，控制方式和外观形态上更显人性化。

1. 合理设计照明方案

建筑行业要想在实际施工中取得良好的照明效果，应首先提高照明方案设计的合理性，即设计工作者应充分考虑照明装置的适用性，避免盲目设计。建筑工程在实际设计的过程中，应全面考虑空间颜色、空间设备装置，同时，还应遵循行业设计标准，确保设计完成的照明方案能够彰显照明设备的应用优势，真正起到能源节约的重要作用。

2. 使用高光效照明光源

在选择照明光源时，要按照使用场所的用电特点，来选择光源，以光效、亮度比、光电特性等为指标，合理地选择光照参数。通常情况下，室内照明多采取相同光源。若有装饰性或者功能性要求，则可以采取不同类型的照明光源。在选择时，要尽量使用具有较强节能效果的光源，优选荧光灯，包括紧凑型荧光灯与无极荧光灯等。对于功能性照明，尽量使用直接照明或者开启式照明等方式。若条件允许，灯具吊线盒要选择卡接式配件。此工程主要使用的是荧光灯，为冷光源，能够达到照度要求，并且发光率较高，具有寿命长、低成本等优点，可达到建筑节能标准。除此之外，还要合理布置房间插座。此工程房屋插座主要为普通插座与空调插座，因为房间面积较小，因此每个房间设置 2 个二三联安装插座，安装空调插座。在选择插座时，要选择通过质量监督管理部门认定的产品。插座的壳体要为具有较强阻燃性的工程塑料，切不可使用金属材料或者普通塑料。除此之外，插头与插座的额定电流要合理，要大于被控负荷电流，避免接入过大负载时产生发热情况，引发短路事故。对于电源引线和插头连接入口位置，使用压板压住导线，避免直接进入插头内接线柱。

3. 照明配电节能

建筑电气设计中，配电系统设计是重要内容，其设计的合理性，直接影响着供电效果。基于此，需要做好严格把控。主要涉及室内照明、室外照明、特殊场所照明设计等。结合照明方式，来布置灯具。通常情况下，照明电源尽量和电力负荷合用变压器，若电力负荷冲击力较大，则不适宜合用。对于电力负荷集中的区域，若电压波动较大，会影响照明质量或者灯具寿命，可以使用专用的变压器或者调压装置。在计算照明负荷时，采取系数法计算。在计算照明分支回路以及应急照明系统回路时，系数均取 1。若选择两路低压电源供电，则备用照明的供电，要从两段低压配电干线分别接引。若供电条件不具备两回路或者两路电源，备用电源尽量使用蓄电池组。需要注意的是，消防照明要使用专用的设备供电，以确保发生火灾后能够继续使用。

【应用介绍】

深圳证交所的楼宇设备控制系统对公共区照明及室外照明进行控制，其他区域的照明采取手动开关，照明设计与自然光照明合并，通过综合控制设备以实现节能目标。高管办公室、30 人以上会议室、上市大厅、中厅等处的照明采用智能照明控制系统，主要为分散控制系统（FCS），以便除照明控制外，还整合控制本房间内的电动窗帘等机电设备。

景观照明、车库照明采用智能照明控制系统，可按时段作场景化调节；采用智能照明控制系统，对大开间、走廊、门厅、楼梯间、室外立面及环境等照明进行集中监控和管理，并根据环境特点，分别采取定时、分组、照度 / 人体感应等实时控制方式，最大限度地实现照明系统节能。

智能照明控制系统感应到灯管的功率已完全发挥后，即自动调整负载电压，灯管便可转入节电模式工作，智能照明节电控制系统同时进入自动在线检测状态。电源电压每降低 10% 时，荧光灯照度只降低 7% 左右，而人眼对光线的感觉则是对数关系：即当光线照度减小 10%，人的视觉感觉亮度只减小 1%，因此合理减少灯具输入功率所产生的照度微弱变化人眼几乎感觉不到，智能照明控制系统在延长灯具寿命和减少维护成本上都具有积极意义（图 4-42）。

图 4–42 深圳证交所照明节能技术应用示意图

4.5.3 其他特殊设备节能技术

1. 电动机节能

作为动力源的电动机，从家用电器到民用建筑内部以及各行各业中均用得比较普遍。其耗电极大，据统计电动机负荷约占总发电量的 60% ~ 70%，而交流电动机占电机总用量的 85%，应用十分频繁，其节能非常关键，同时有较大的潜力。主要有以下节能技术措施：

（1）采用无功功率就地补偿。在安全、经济合理的条件下，对电动机采取就地补偿无功功率可以减小配电变压器、线路的负荷电流，从而减小配电线路的导线截面和配电变压器的容量；减少轻载和空载运行。电动机在轻载和空载运行情况下，效率是很低的，消耗的电能并不与负载的下降成正比。采用变频调速器，使其在负载下降时，采用变频的方式，自动调节转速，使其与负载的变化相适应。采用这种方式，可提高电机在轻载时的效率，达到节能的目的。

（2）采用软启动器，软启动器设备是按启动时间逐步调节电压的变化。由于电压可连续调节，因此启动平稳，启动完毕则全压投入运行。它可用在电动机容量较大，又需要频繁启动的设备，以及附近用电设备对电压的稳定要求较高的场合；低压电器节电。对于电动机保护及控制回路的低压电器，采用具有节电效果的低压电器更换老产品。

2. 电梯节能

电梯节能技术主要通过采用先进的梯控技术、电梯电能回馈器的再生利用和改进电梯机械传动和曳引的节能技术等方面来实行。

在进行电梯节能系统控制时，需要合理调配电梯运行方式，以降低不必要的能源消耗。

在电梯操控方式上，主要包括并联控制、梯群程序控制与梯群智能控制三种方式。并联控制方式多适用于电梯数量为 2 ~ 3 台的情况，共用层部分站外设置召唤按钮，这种控制方式的电梯本身具备集选功能。选择应用并联控制方式，其优点是在没有电梯运行任务时，其所控制的电梯，其中有一台停在基站，一台停靠于预设楼层，为自由梯在出现电梯运行任务时，位于基站的电梯会向上运行，另一台电梯则自动下降到基站；基站外楼层发出电梯召唤指令后，自由梯前往指定楼层，如楼层信号与自由梯运行方向相反，则由基站电梯前往。通过这种控指方式，提高了电梯的运行效率。梯群程序控制电梯方式是依靠微机进行多台并列电梯控制与统一调度，集中排列多台电梯，共用召唤按钮，依据所设定的程序进行电梯控制及调度。梯群智能控制方式智能化水平较高，可以进行数据采集、交换及存储，并在数据获取的基础上进行数据分析。其控制方式可以对电梯运行状态进行显示，能够及时发现并解决电梯运行中存在的问题。智能控制方式应用计算机技术，编制出最佳运行方式，能够有效节约电梯运行时间，降低了电梯能耗。

采用变频调速方式运行的电梯在运行的过程中会产生巨大的机械位能，通过对这种机械位能加以利用可以在整体上降低电梯的消耗。电梯在运行的过程中必然要消耗电能，如何让电梯在运行的过程中将其所具备的能量转化为可以利用的电能是再生能量回馈技术研究的重点。在运行当中，电梯到达指定楼层的时候，速度会逐渐减慢，释放掉一部分的机械能，为了从整体上达到节能的目的，可以利用变频器再生能量回馈技术对这些释放掉的机械能加以利用。所谓的变频器再生能量回馈技术就是利用变频器将电梯运行过程中的机械能转换成其他能量，并将转换后的能量存储在直流母线回路的电容当中，然后再利用有源逆变技术将其逆变为与电网同频率同相位的交流电返回到电网当中，实现能量的收集与反馈利用。通过变频器再生能量回馈技术,可以从整体上降低电梯的能耗，不同能耗的电梯节能比例不一样，但基本上可以节约掉整体的 16% ~ 40%。因为这种技术实现的是将电梯的机械能转化为电能，所以当运行速度越快，载重越大以及提升的高度越高时，电梯具有的机械能量越多，因此在进行机械能的转化利用时，通过反馈得到的能量也就越多，自然会获得令人惊喜的效果。

提高电梯机械传动效率，是实现电梯节能的关键。当前，在电梯电动机运行过程中，其额定转速相对较高，输出转矩相对较小，需要通过减速机构降低转速，提高转矩方可驱动曳引轮，并没有直接对曳引轮进行驱动控制。目前，高层建筑电梯多采取蜗轮蜗杆式传动方式，这种传动方式在应用中传动效率较低，为实现电梯节能，需要提高电梯传动效率，具体技术措施有：①永磁同步无齿轮驱动技术和同步无齿轮技术的应用。该项技术实现了电梯驱动技术的变革，将电动机轴与曳引轮综合应用，使电梯传动效率由原来的 60% 提升到 85% 以上。永磁同步无齿轮驱动技术在电梯驱动中的应用，具有重量轻、振动轻、体积小等优点。②行星齿轮驱动技术。行星齿轮驱动技术的传动效率优势十分突出，最高传动效率可以达到 90%。应用行星齿轮驱动技术取代蜗轮蜗杆传动方式，其加工处理较为复杂，整体成本较高，限制了该技术的应用及推广。③同步行星齿轮驱动技术。同步行星齿轮驱动技术综合了永磁同步无齿轮驱动技术和行星齿轮驱动技术的优点，在普通中低速电梯中应用同步行星齿轮驱动技术，可以实现 1 ：1 的曳引比，从而减少曳引钢丝绳的弯折，延长钢丝绳应用寿命。但是同步行星齿轮驱动技术对电梯运行性能改善不大，且造价较高，影响该技术的应用推广。

3. 配电变压器节能

关于配电变压器节能的研究，其方向有三：一是有功功率损耗大小的控制；二是无功功率损耗大小的控制；三是综合运行功率损耗大小的控制。在配电变压器布置时，推荐有功功率与无功功率同步控制到最小状态的运行模式，这种模式下的配电变压器：首先需要确定其经济运行工况区。据了解，经济运行工况区内的配电变压器，综合电能损耗率可控制在额定电能损耗值以内，适时电能转换效率能够得以有效提升。在实际工程中，我们只需要在节能经济运行区内，选定配电变压器的最低限值，形成最佳节能经济运行区域，就能够行之有效地划分变压器的有功功率和无功功率损耗大小。其次是确定配电变压器间的负载经济分配。很多建筑的供电，需要多台变压器同步运行，所形成的有功功率和无功功率损耗量，在用电负荷总值恒定时，进行总负载的经济分配，将两类功率的损耗降至最低，节能效果即可立竿见影。再次是保持配电变压器三相负荷实时平衡，目的是控制负序的电压，确保电压质量可靠。笔者认为有必要在设计电气系统时，全面统计分析电力负荷，完善布线方案，在技术条件允许的前提下，检查变压器能否长期维持于平衡工况下，及时调整不合理的运行工况，并借助监控系统不间断监测电压水平，提高供配电系统功率的安全稳定性，为配电变压器节能营造相对高效的客观环境。最后是选用新型节能变压器。譬如自动调压器，通过内部电压的自动调节，确保电压稳定地输出，能够有效提高系统供电的电能质量水平，节能降耗效果明显。

4. 冷热电三联供系统

燃气冷热电联供系统是布置在用户附近，以燃气为一次能源用于发电，余热制冷、供热，同时向用户输出电能、热和冷的分布式能源供应系统，英文名为 Combined Cooling Heating and Power（CCHP）System。此系统的特点在于实现了能源的梯级利用，在发电的同时利用余热的回收达到供冷和供热的需求。不仅提高系统的运行效率，由于清洁能源的使用减少了温室气体的排放，还为环境保护作出了重要贡献。

图 4-43 所示为三联供系统的基本工作流程，天然气作为一次能源驱动燃气发电机发电，所发电量可以上网或者并网；同时，产生的余热进入烟气余热型冷热水机组用以提供冷和热，在余热烟气不足的情况下，烟气冷热水机组可以采用直燃的方式，直接利用天然气驱动来产生冷和热；在夏季冷负荷需求较大的情况下，可以利用电制冷来补充制冷量的增加，在冬季采暖需求较大的情况下，可以通过燃气锅炉来补充热量，以满足冷热负荷的高峰需求。

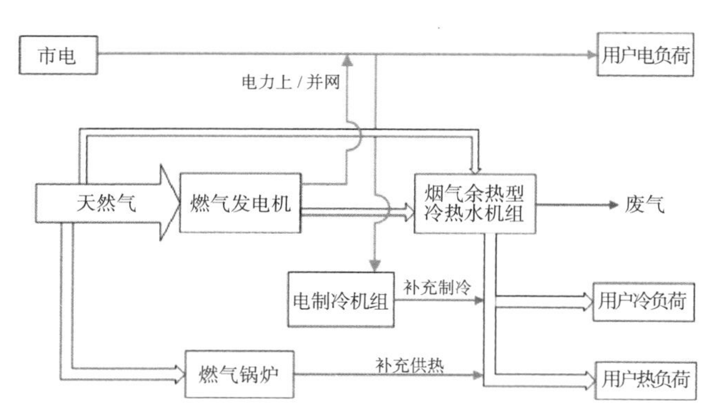

图 4-43　冷热电三联供系统原理示意图

5. 热泵系统

热泵是一种消耗部分能量作为补偿条件，使热量从低温物体转移到高温物体的能量利用装置。热泵可以把土壤、空气、水中所含的不能直接利用的热能、太阳能、工业废热等，转换为可以利用的热能。简单来说，热泵就是利用高位能使热量从低位热源流向高位热源的节能装置。

热泵的制热量与其驱动能量之比称为热泵的制热系数，用来分析热泵的经济性。有研究表明，电动热泵的制热系数只要大于 3，从能源利用角度看，就会比热效率为 80% 的区域锅炉房节省能耗。目前，各种大型热泵机组的制热能效比（EER）绝大部分大于 3，可以满足节能的要求。VRV 热泵机组的制热性能系数在 4.2 左右。

热泵机组供热主要有节能、高效、安全、环保、无需值守等优点，并且无可燃、可爆气体，无电器推动元件，无任何废气、废水、废渣排放，安全环保。热泵机组全年平均运行成本仅相当于电直接加热的 1/4，燃油、燃气加热的 1/3 ~ 1/2，常规太阳能的 2/3。热泵机组的首期投资较高，但由于它特殊的节能效果，一般会在一年半内就可以通过节能方式将成本收回。锅炉等其他供热方式一般使用寿命较短，而热泵机组的使用寿命可长达 15 年以上，符合全寿命周期成本的原则。目前较常见的有空气源热泵和地源热泵（图 4-44）。

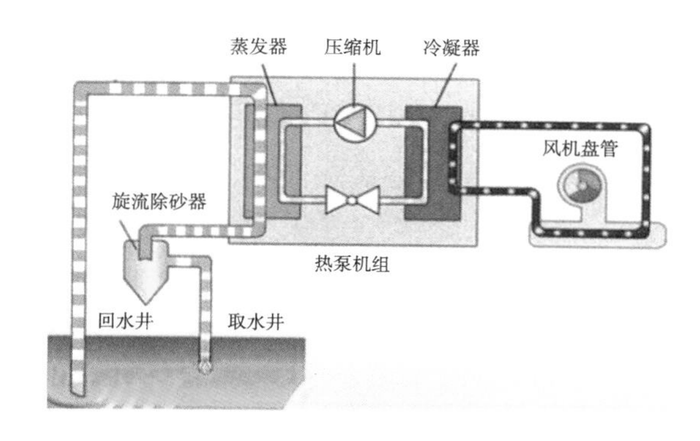

图 4-44　一种简单的热泵系统原理图

4.6　可再生能源应用

随着建筑节能的大力推广与可再生能源利用水平的不断提高，可再生能源在公共建筑节能措施中的应用也越来越广泛。这不仅是响应国务院提倡的科学发展观，也符合当今世界节约资源的趋势。可再生能源建筑示范项目技术类型丰富，包括太阳能光热建筑一体化、太阳能供热制冷、太阳能浴室、被动式太阳房、地源热泵、太阳能光热与地源热泵结合系统等。推行可再生能源应用，能够减少化石等不可再生能源的消耗，不仅减少大气污染，保护生态环境，而且能提高住宅的舒适度，提升居民生活质量。

4.6.1　太阳能光伏

太阳能光伏发电系统是利用太阳能电池半导体材料的光伏效应，将太阳光辐射能直接转换为电能的一种发电系统。太阳能光伏发电在城市推广利用的最佳形式就是与公共电网并网并且与建筑结合，即光伏建筑一体化（BIPV）（图 4-45）。

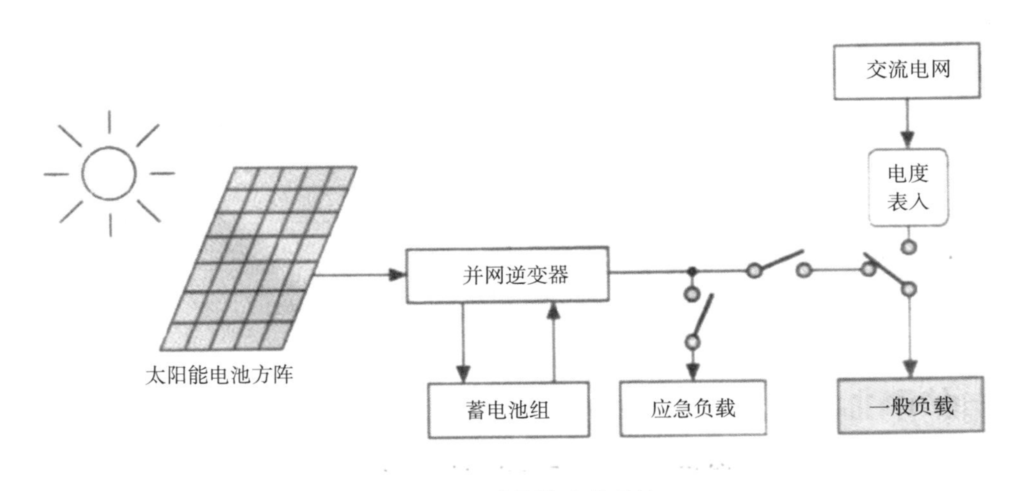

图 4–45　太阳能光伏系统

【应用介绍】

广州市气象监测预警中心在室外出入口、停车场局部试点采用了太阳能风光路灯（图 4-46），运行效果良好。在利用太阳光的同时，接收来自风的馈赠，通过微风启动小风车，自动跟踪来风方向，补充太阳能的不足，从而减少室外照明用电负荷。普通路灯功率约 250W/ 盏，项目改造后共计 15 盏太阳能风光路灯，按照每天开灯 10h 计算，预计年节电量 13687kWh。

图 4–46　广州市气象监测预警中心风光互补路灯

珠江城大厦结合建筑体形，将屋面、玻璃幕墙与太阳能光电板有机结合，在屋面幕墙局部、外立面的南侧幕墙局部、西侧遮阳百叶局部三个太阳辐射较强的区域共同采用 BIPV 光伏并网发电，系统安装面积为 3085m^2，安装总功率为 280kWp。日照较好的大楼顶部和南立面安装效率高的晶体硅太阳能电池；日照稍差的西立面安装非晶硅电池，因非晶硅不但价格便宜，而且它的弱光发电性能好，比如在多云天与晴天相差不大，即使遮荫或阴天也能发电。光伏发电容量 300kW，可实现 26.4 万 kWh 的年发电总量。如图 4-47 所示。

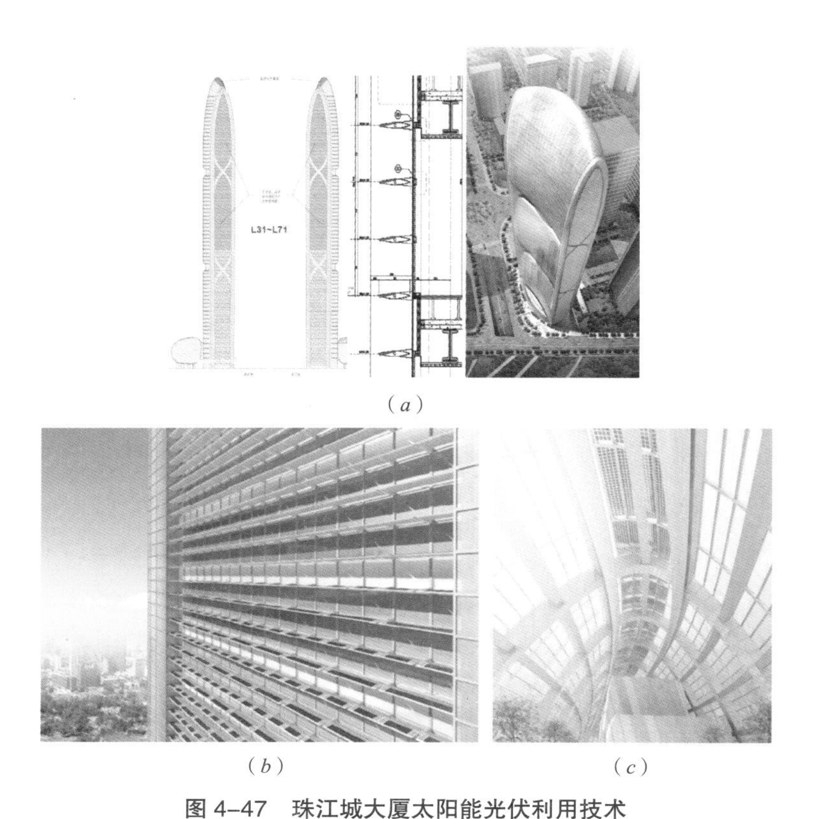

（*a*）

（*b*）　（*c*）

图 4–47　珠江城大厦太阳能光伏利用技术

（*a*）光伏组件在大厦的分布示意图；（*b*）安装在立面的太阳能电池；（*c*）安装在大楼顶部的太阳能电池

广东省建科大楼地下车库公共区域采用屋顶太阳能高效非逆变技术进行太阳能光伏 -LED（PV-LED）照明，屋顶太阳能光伏安装总功率为 2880Wp，可实现 90% 以上的节电率，同时可以节约公共照明维护费用。太阳能直流电力直接使用 LED 灯感应控制和 LED 常亮灯的新型光源，大大提高了公共照明的档次，而且节能无需以牺牲照度为代价；同时，光伏供电的双备急功能是解决消防应急和安保供电不间断的最佳方案，足以替代 UPS 电源或柴油发电的投入，并且有更优异的性能。如图 4-48 所示。

（*a*）

（*b*）

图 4-48　广东省建科大楼 PV-LED 太阳能光伏利用技术

（*a*）屋面太阳能光伏板；（*b*）太阳能地下车库照明实景图

4.6.2　太阳能光热

太阳能光热转换是将太阳辐射能转换成热能加以利用的技术。其系统由光热转换和热能利用两部分组成，前者为各种形式的太阳能集热器，后者是根据不同使用要求而设计的各种用热装置。太阳能光热最为常见的表现形式就是太阳能热水系统。

太阳能热水系统如图 4-49 所示，是利用太阳能集热器采集太阳热量，在阳光的照射下使太阳的光能充分转化为热能，通过控制系统自动控制循环泵或电磁阀等功能部件将系统采集到的热量传输到大型储水保温水箱中，再匹配当量的电力、燃气、燃油等能源，把储水保温水箱中的水加热并成为比较稳定的定量能源的设备。该系统既可提供生产和生活用热水，又可作为其他太阳能利用形式的冷热源，是目前太阳热能应用发展中最具经济价值、技术最成熟且已商业化的一项应用产品。

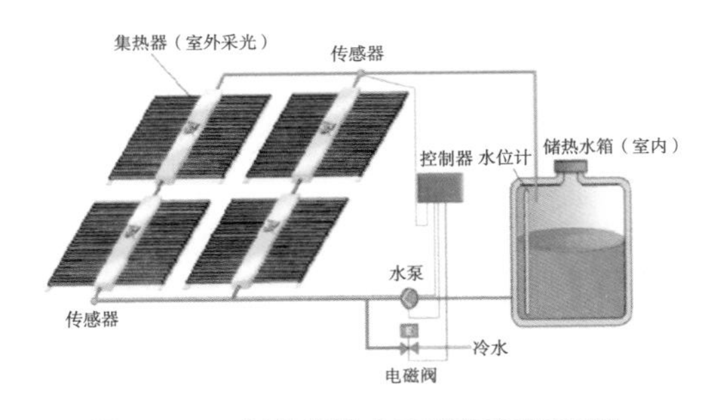

图 4-49　太阳能热水系统运行原理图

【应用介绍】

深圳证交所 45 ~ 46 层公共卫生间热水，采用集中热水供应系统，由太阳能热水为一次热源，备用热源采用空气源热泵机组供应，热水箱内置电加热器作为空气源热泵辅助加热设备。太阳能集热板设置于塔楼屋顶。如图 4-50 所示。

（a）　　（b）

图 4–50　深圳证交所太阳能光热利用系统

（a）屋面太阳能集热板；（b）热水机房

4.6.3　风能利用

风能是因空气流动所产生的动能，属于可再生能源，空气流速越高，动能越大。据估算全世界的风能总量约 1300 亿 kW，中国的风能总量约 16 亿 kW。风能资源受地形的影响较大，世界上风能资源多集中在沿海和开阔大陆的收缩地带，如美国的加利福尼亚州沿岸和北欧一些国家，中国的东南沿海、内蒙古、新疆和甘肃一带风能资源也很丰富。

风能的优点：风能是洁净的能量来源，现阶段，风能设施日趋进步，大量生产降低成本，在适当地点，风力发电成本已低于其他发电机。同时，风能设施多为非立体化设施，可保护陆地和生态，并且风力发电是可再生能源，节能环保。

但风能的利用也存在一些缺点，风力发电在生态上的问题是可能干扰鸟类，如美国堪萨斯州的松鸡在风车出现之后已渐渐消失，目前的解决方案是离岸发电，离岸发电价格较高但效率也高。在一些地区，风力发电的经济性不足：地区的风力有间歇性，如我国台湾等地在电力需求较高的夏季及白日，是风力较少的时间，必须等待压缩空气等储能技术发展。同样，风力发电需要大量土地兴建风力发电场，才可以生产比较多的能源。进行风力发电时，风力发电机会发出庞大的噪声，所以要找一些空旷的地方来兴建。

风能利用最常见的形式是风力发电。

把风的动能转变成机械动能，再把机械能转化为电力动能，这就是风力发电。风力发电的原理，是利用风力带动风车叶片旋转，再通过增速机将旋转的速度提升，来促使发电机发电。风力发电的优势在于：清洁，环境效益好；可再生，永不枯竭等（图 4-51）。

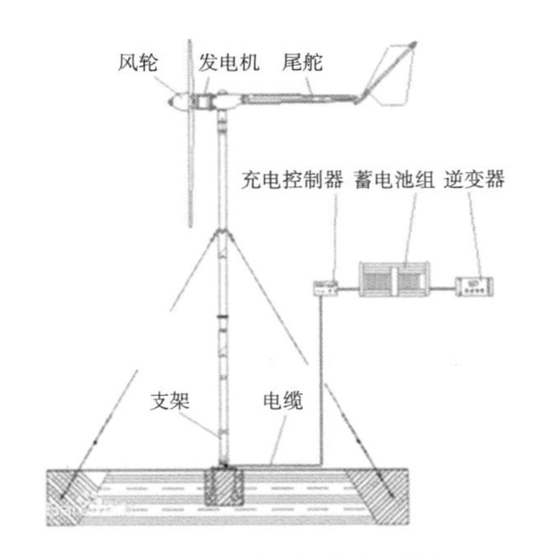

图 4-51 风力发电系统

【应用介绍】

珠江城大厦建筑平面为南偏东 13°，可以充分利用广州盛行的东南风。结合建筑外形结构特点，于塔楼 24 层及 50 层的设备层设置了四个吸风口，与大厦结构集成进行风洞设计。大楼的设计优化了大楼迎风面和背风面之间的压差，通过位于大楼机械设备层的四条隧道产生气流。在迎风面，有一种停滞状态导致该处增加的压力高过建筑前面远处的静止压力。在背风面，大楼侧面和屋顶的高速流动诱导现有的低压。建筑吸收风力的开口与赛车引擎的进风口相似，形成一个风力放大器。

在风洞内安装风力发电机组发电，装设四组八个风涡轮机，采用四台芬兰 Windside 公司生产的 WS-10 型的垂直轴风力发电机组。每组发电量约 6kW/h，总发电量约 24kW/h，日发电量为 288kWh，年发电量为 105120kWh。风力发电机组发出的电量传输至大楼的 49 层及 23 层配电房内，与 380V 端并网，直接向大楼内部电网供电。如图 4-52 所示。

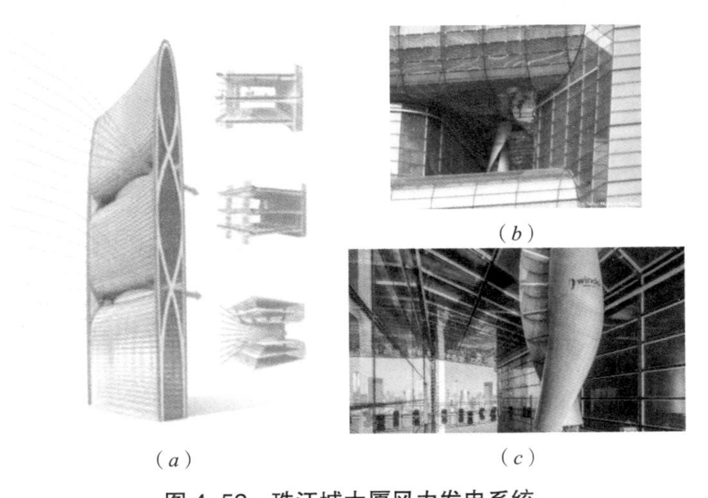

图 4-52 珠江城大厦风力发电系统

（*a*）结构立面风力放大设计；（*b*）设备层风能通口与发电机组；（*c*）垂直轴风力发电机组

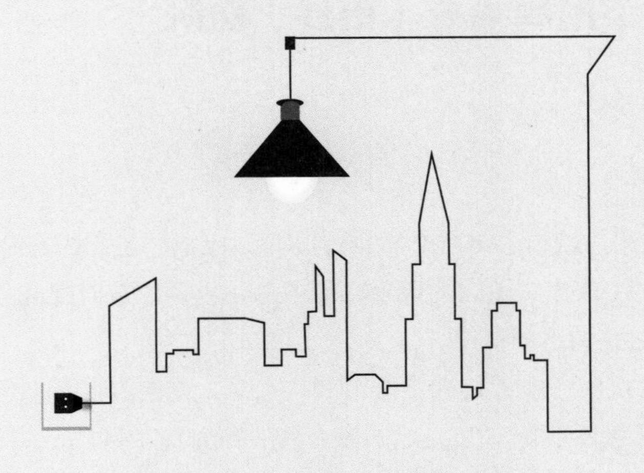

5

案例分析

5.1 中山大学附属第一（南沙）医院

5.1.1 项目简介

1. 建设背景

南沙区位于国家中心城市广州市南部，珠江出海口西岸，是广州通向海洋的唯一通道，地处中国经济引擎之一珠江三角洲的地理几何中心，也是广东对外开放的重要平台，中国21世纪海上丝绸之路的重要枢纽。

目前，南沙区医疗服务能力落后于全市平均水平，与南沙区社会经济发展现状以及未来发展规划及目标极不匹配。为完成国家、省、市对南沙区的战略部署及发展目标，把南沙区建设成为空间布局合理、生态环境优美、基础设施完善、公共服务优质、具有国际影响力的深化粤港澳全面合作的国家级新区，南沙区政府将引进多家国家、省、市一流的医疗机构资源，实现强强联手，学科优势互补，打造高水平、强竞争力的粤港澳大湾区医疗中心新高地，为国家“一带一路”战略和粤港澳大湾区战略提供高水平医疗服务。

根据国家、省和市对南沙区的新定位和新要求，为探索粤港澳深度合作，加快推进广州城市副中心建设，通过与重点行业龙头单位携手，借力扬帆，抢抓国家卫计委规划建设国家医学中心的重大机遇，南沙区政府与中山一院签署战略合作框架协议，确定在南沙合作建设高水平三级甲等医院——中山大学附属第一（南沙）医院。

中山一院是国内规模最大、综合实力最强的医院之一，是华南地区医疗保健与疑难重症救治、医学人才培养和医学科学研究的重要基地，素以“技精德高”在海内外久负盛名。医院将服务国家“一带一路”战略和粤港澳大湾区发展战略，以打造粤港澳大湾区医疗卫生新高地为目标，与南沙区委区政府共同筹划，积极推动南沙医疗顶层设计，借助医院雄厚的医疗、教学、科研实力及社会影响力，将努力带动南沙医疗服务能力的逐步提升，积极为南沙打造一个集医疗、教学、科研为一体的广州医疗副中心平台和形象。

2. 项目位置

中山大学附属第一（南沙）医院选址位于南沙区明珠湾区起步区横沥岛尖西侧，北邻横沥中路，西邻番中公路，南邻合兴路，东邻三多涌及规划路，地形图号184-58-4、184-58-8、184-62-1、184-62-5。项目计划总投资约48.2亿元人民币，建设资金为南沙区财政资金。

3. 建设规模与目标

根据项目规划设计条件和修详规批复，项目拟建地块占地面积为155934m^2，项目总建筑面积 506304m^2，其中计容面积 326450m^2，容积率 2.09，建筑密度 30.5%，绿地率 30%，规划机动车位 4305 泊，其中地下停车位 3954 泊，地面车位 351 泊，规划非机动车位 10912 泊。

项目建筑设计方案充分体现“绿色生态、低碳节能、智慧城市、岭南特色”的规划设计理念，符合“国际化、高端化、精细化、品质化”的总体要求。本项目按照“国内一流、湾区特色”的标准建设国际医学中心、医学研究与成果转化中心（包括独立的科研大楼、专业的动物实验中心）、学术交流中心、符合中山大学教学医院功能要求的配套教学场所，立足提供优质医疗服务，加快前沿科研转化，培育高端医疗人才，针对性解决南沙、大湾区乃至华南的医疗、科研短板，未来打造成为南沙新区、粤港澳大湾区医疗科研新高地和国际医疗中心（图 5-1）。

图 5–1　中山大学附属第一（南沙）医院效果图

5.1.2　技术亮点

按照“绿色院区、星级建筑”的建设目标，根据南沙地区气候特点，结合绿色创建理念，本项目具有以下技术亮点。

1. 舒适和谐的场地环境

（1）风雨无障碍人行系统

以“全覆盖和无缝连接”为目标的风雨无障碍人行系统，实现南北地块和各栋建筑中的风雨无障碍出行，构建新时代新需求下体现岭南建筑传统的“新骑楼”系统。

（2）风光热环境优化

对场地风光热环境进行综合优化，通过优化选择植物物种、遮荫率控制，场地北侧和西侧主干道沿线采取植物选型配合等降噪措施，营造舒适的室外活动空间（图 5-2）。

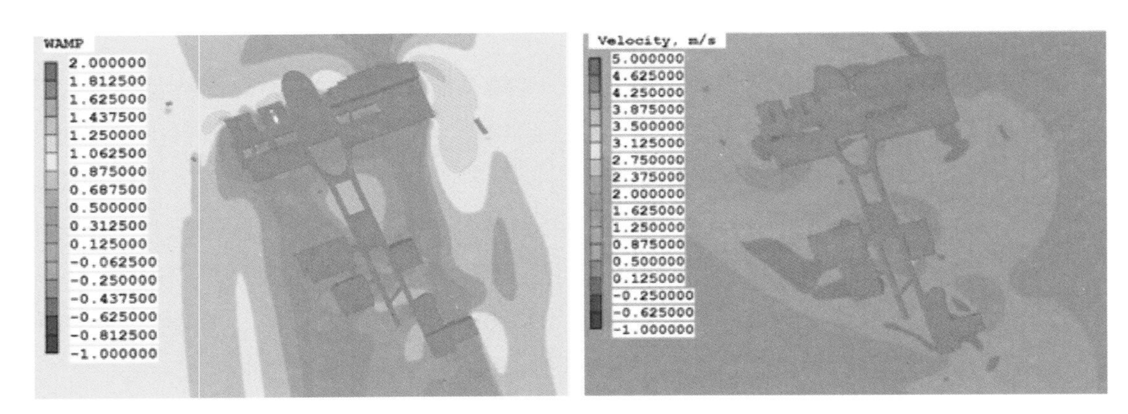

图 5–2　冬季和夏季室外风速分布图

（3）静谧空间与声景观营造

结合景观设计和广播系统营造“声景观”。通过营造自然的让人舒适的虫鸣、鸟叫、流水及音乐，有利于院区医生和患者的健康。

（4）完善的健身系统

从健康角度出发，在北区设置健身步道等健身设施，在南区行政公寓楼南侧设置员工活动空间，鼓励引导锻炼（图 5-3）。

图 5–3　健身步道

2. 资源节约与再利用

（1）雨水综合利用系统

设置雨水收集系统，北区设置 600m^3、南区设置 300m^3 雨水收集池，通过雨水利用和中水站中水补充，室外杂用水非传统水源利用率达 100%，节约水资源（图 5-4）。

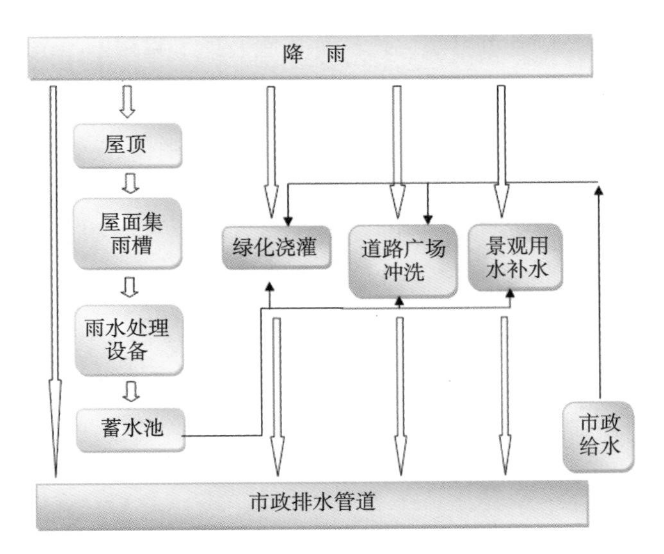

图 5–4　雨水利用流程图

（2）能源专项规划

在项目用地内分开设置一大一小两个冷站。其中，大型冷站设置于北地块门急诊医技住院综合楼地下室二层的西南端，配置大型的冰蓄冷系统，以及具备热回收功能的配套冷水机组，通过管道连接北地块和南地块动物实验中心、科研楼及教学行政公寓楼，实现两个区域的夏季供冷及生活热水供应。小型冷站设置于南地块国际医疗保健中心地下室二层中部，配置高效冷水机组，专供该建筑的夏季空调，夏季所需生活热水则采用设置于该建筑天面的太阳能热水系统供应。另整个地块的冬季空调采暖及生活热水全部由设置于各建筑设备层或天面的空气源热泵或者设置于地下室一层的锅炉供应。同时，选择高效设备和系统，实现院区整体能源费用降低 20% 的目标（图 5-5）。

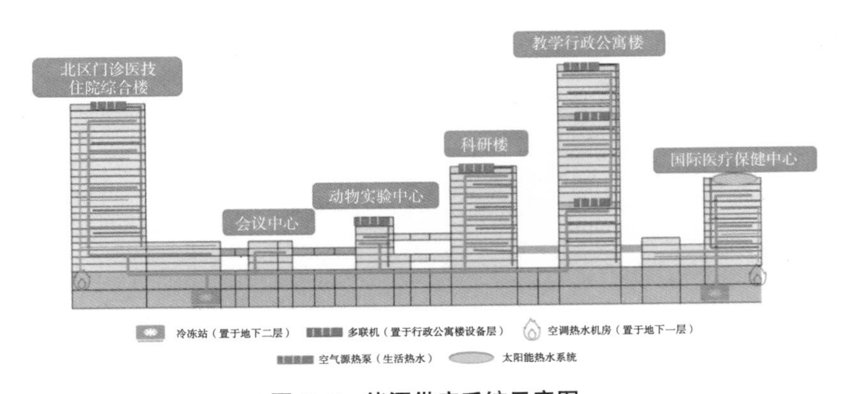

图 5–5　能源供应系统示意图

（3）可再生能源综合利用

积极利用可再生能源，院区路灯采用风光互补路灯，在连廊中部铺设太阳能光伏板，采用多晶硅光伏组件的光伏发电系统，供部分连廊及地下室用电示范（图 5-6）。

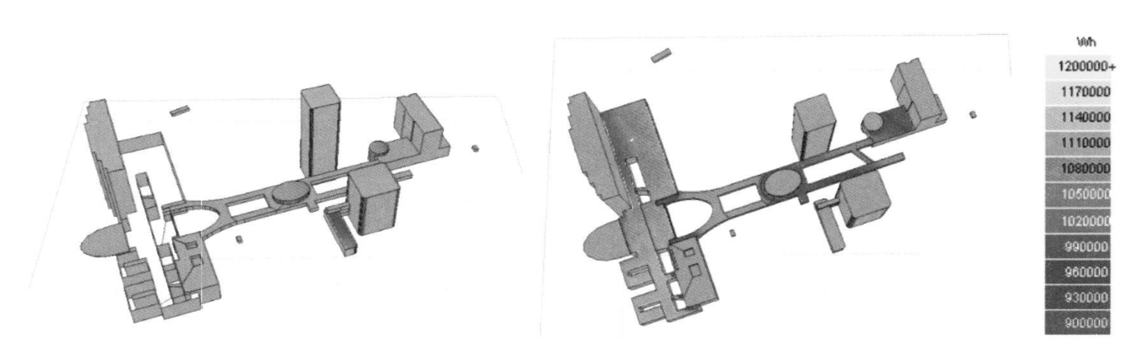

图 5–6　屋面太阳能潜力分析图

3. 海绵城市综合设计

（1）透水铺装

南区和北区的硬质铺装尽可能采用透水铺装，增加雨水渗透率，减少积水。透水铺装面积比例不小于 50%，北区透水铺装面积大于 20200m^2，南区透水铺装面积大于 15000m^2。

（2）雨水花园

部分绿化采用雨水花园和下凹式绿地，缓慢吸纳调蓄雨水，促进下渗，下凹式绿地面积比例不小于 30%，下凹式绿地、雨水花园等面积北区大于 8400m^2，南区大于 8200m^2（图 5-7）。

图 5–7　海绵城市设计效果图

（3）径流总量控制

通过各项海绵城市措施，配合大区分别设置的调蓄水池，场地年径流控制率不小于70%，减少市政雨洪压力。

5.1.3 技术应用

本项目从绿色建筑创建理念出发，围绕“节能减排”“环境宜居”和“资源低耗”等建设理念，主要应用了以下低能耗建筑技术。

1. 精细、全面的“被动式”节能设计

外窗、玻璃幕墙是夏热冬暖地区外围护结构节能最薄弱的环节，大部分的太阳辐射热通过外窗、幕墙的透明部分传入，其性能的优劣在很大程度上决定建筑围护结构节能的性能好坏，直接影响建筑节能的效果和室内舒适性。根据夏热冬暖地区的气候特点，本项目的外窗、幕墙主要采用以下节能技术措施。

（1）控制窗墙面积比

在保证室内自然通风和天然采光的前提下，确定合理的窗墙比，减少透明玻璃面积是非常有效的节能措施。各栋建筑在满足外形要求的情况下尽量减少外窗的面积，特别是东、西朝向。

（2）选用高性能的玻璃产品

综合项目窗地比情况，本项目围护结构性能幅度达到《绿色建筑评价标准》GB/T 50378 提高 10% 的要求，各朝向综合太阳得热系数满足表 5-1 的要求。

太阳得热系数要求 表 5–1

性能提高幅度	围护结构部位		太阳得热系数（东、南、西向 / 北向）
达到10%	单一立面外窗（包括透光幕墙）	窗墙面积比≤ 0.20	无要求
		0.20 ＜窗墙面积比≤ 0.30	≤ 0.40/0.47
		0.30 ＜窗墙面积比≤ 0.40	≤ 0.32/0.40
		0.40 ＜窗墙面积比≤ 0.50	≤ 0.32/0.36
		0.50 ＜窗墙面积比≤ 0.60	≤ 0.23/0.32
		0.60 ＜窗墙面积比≤ 0.70	≤ 0.22/0.27
		0.70 ＜窗墙面积比≤ 0.80	—
	屋顶透明部分（屋顶透光部分面积≤ 20%）		≤ 0.27

（3）建筑遮阳设计

对于广东省大部分地区而言，通过窗户进入室内的空调负荷主要来自太阳辐射，主要能耗也来自太阳辐射，有效的遮阳措施在夏季可以阻挡近 85% 的太阳辐射，而且可以避免阳光直射而产生的眩光，对降低建筑空调负荷和能耗，提高室内居住舒适性有显著的效果。

本项目幕墙采用白色横线条设计，形成了有效的水平遮阳，连廊和裙楼采用了外走廊设计，形成有效的遮阳效果。另外，建筑室内设置可调节内遮阳帘，内遮阳帘外侧采用高反射材质，对于有采光需求的办公空间，采用半透明卷帘，兼顾遮阳与采光，同时避免眩光（图 5-8）。

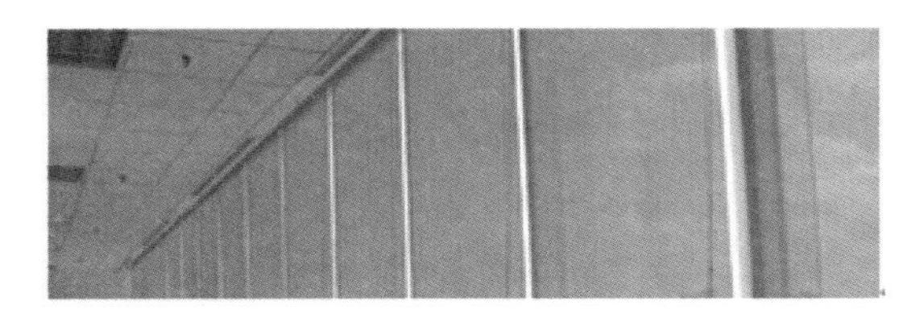

图 5–8　内遮阳帘示意图

（4）地下空间的自然采光

地下空间设置采光天井以及结合室外景观设计的光导管，将自然光导入系统内部，改善地下车库自然采光环境。

1）自然采光天井与植物相结合

借鉴岭南传统建筑的天井手法改善地下车库自然采光环境，达到拔风、自然采光的节能目的。同时，采用采光天窗利用自然光源改善地下空间室内光环境。利用自然采光，不仅可以节约能源，并且在视觉上更为习惯和舒适，在心理上能和自然接近、协调，可以看到室外景色，更能满足精神上的要求，通过合理的设计，日光完全可以为地下车库提供一定量的室内照明。

2）光导管采光设计

同时，在场地地下室顶板上地面设计使用光导照明系统。光导照明时，自然光经过光导装置强化并高效传输后，由漫反射器均匀导入地下车库需要光线的任何地方。从黎明到黄昏，甚至是雨天或阴天，该照明系统导入地下车库室内的光线仍然十分充足。

（5）合理的自然通风与气流组织保障空气品质

自然通风可以提高居住者的舒适感，并有利于健康。当室外气象条件良好时，加强自然通风还有助于缩短空调设备的运行时间，降低空调能耗。本项目保证了外窗可开启比例满足规范要求，创造良好的自然通风条件，同时在建筑构造上利用中庭、廊道、构件等的优化设计，实现各功能空间的自然通风效果。另外，对室内空间划分洁净区、次洁净区、清洁区控制内部压差梯度，控制通风路径合理的风口位置，提高通风效率。同时，在烧伤科、呼吸道疾病和糖尿病诊疗室及病房等气味较大的区域，加强自然通风，在空调设计上也加大新风量。采用空气质量监测系统，实时监测各区域的空气质量，并与通风系统联动。

（6）空调区域布局及参数优化

将建筑空间分为：非空调空间、过渡空间（半空调）和空调空间，以保证热舒适性为前提，最大限度地压缩空调区域面积。例如，走廊等非人长时间停留的空间，设计为半室外或自然通风，或者风扇辅助。从建筑的角度，运用岭南传统的设计手法，因地制宜地在局部区域采用敞厅、中庭、冷巷等设计，减少空调空间面积。

在本项目中，采用优化设计的区域包括：①北区二、三、四层走廊：属于人员短暂停留区域，可以设计成大于26℃的过渡空间（半空调），安装风扇增加舒适度。②北区五层活动平台：可设计为非空调区域（架空部分），通过自然通风或安装风扇来改善热环境。③实验楼门厅、科研楼门厅、公寓大堂：不向公众开放区域，大部分时间人流量较少，可设计成大于26℃的过渡空间（半空调）。同时考虑安装大型风扇，作为示范。④教学行政公寓二层以上走廊区域：走廊过道为短暂停留区域，可作为非空调区域进行考虑，仅设置新风系统。⑤四层大报告厅外围：报告厅走廊区域设计成大于26℃的过渡空间（半空调），安装风扇增加舒适度。

（7）整体精细化设计

从方案阶段开始持续优化和考虑被动式节能措施。采用高性能围护结构，包括屋顶绿化、控制窗墙比、节能环保门窗（如铝塑共挤门窗）、综合遮阳措施（水平遮阳+可调节内遮阳）、高性能的玻璃（如中空 Low-E 夹胶玻璃）等被动式节能措施，从前端降低项目空调能耗，国际医疗中心围护结构热工性能提升幅度达10%（图5-9）。

冬季：
室内的热能因 Low-E 双层玻璃的阻断
而不易辐射至室外，而能保暖

夏季：
阻断大量辐射能的穿透，仅少数的热能进入室内，
保持凉爽

图 5-9　遮阳型玻璃

2. 个性化屋顶花园设计

广州夏季室外气温高，太阳辐射照度大，水平面最大太阳辐射强度可达1000W/m^2，屋面的节能技术不仅关系到建筑的节能问题，还对顶层室内热环境有很大的影响。屋面的节能技术主要包括：绿化覆土屋面、南方传统特色的通风屋面、带有保温材料的隔热屋面、带有遮阳措施的遮阳屋面、蓄水屋面等。

本项目在南北区连廊部分采用绿化屋面，有效隔绝热量。选择浅色屋面铺装材料以及反射隔热涂料，减少太阳辐射得热。另外，各栋单体建筑均合理采用屋顶绿化，增加隔热效果的同时改善屋面环境，绿化形式包括常规覆土绿化和铺装式绿化，在北区设置屋顶农场等，丰富员工生活（图 5-10）。

图 5–10　屋顶绿化效果图

3. 一大一小的集中式冷站设置

集中式空调系统是将大部分空气处理设备（制冷主机、动力设备等）集中布置于制冷机房（或称为冷站）内，通过管道与设置在空调房间的末端设备进行连接，从而向空调房间输送冷热量。制冷主机一般具有较高的能源利用效率，是目前各类大型公共建筑最常用的空调系统形式。

本项目建设规模超过 50 万 m^2，属于超大型公共建筑，空调面积大，空调负荷大，设备容量大，空调区域的使用时间较为一致，用能较为集中，采用集中式冷站，有利于配置高能效的制冷机组实现规模化供冷，大大提高能源利用效率，也避免了分散式空调室外机对建筑立面外观的影响。另外，本项目建筑功能多样，空调系统存在错峰运行的条件，采用集中式冷站，有利于实现建筑之间的制冷设备共用，减少设备容量，节约空调系统初投资及机房占地。

在本项目中，设置一大一小两个冷站。其中，大型冷站设置于北地块门急诊医技住院综合楼地下室二层的西南端，配置大型的冰蓄冷系统，以及具备热回收功能的配套冷水机组，通过管道连接北地块和南地块动物实验中心、科研楼及教学行政公寓楼，实现两个区域的夏季供冷及生活热水供应。小型冷站设置于南地块国际医疗保健中心地下室二层中部，配置高效冷水机组，专供该建筑的夏季空调，夏季所需生活热水则采用设置于该建筑天面的太阳能热水系统供应。

这种冷站配置方式能够充分发挥集中式冷站在装机容量、机房占地、运营维护等方面的优点，又能兼顾南区国际医疗保健中心需要灵活调节能源供应确保高品质室内环境的要求（图 5-11）。

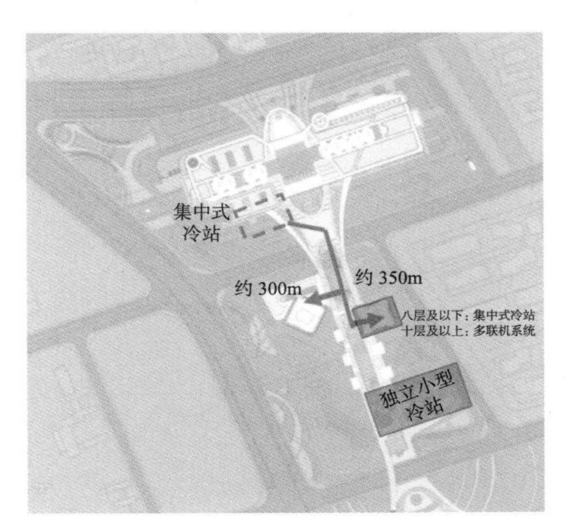

图 5-11 冷站位置示意图

4. 高效节能设备

用能设备选用高性能设备，包括冷水机组、风机、水泵等，国际医疗中心冷热源机组提升幅度达 12%，采用变频技术，整体空调系统能耗降低 15%。电梯能耗是医院能耗的重要组成部分，设计时合理进行人流设计，同时选用节能型电梯并辅以节能控制措施。照明系统采用节能灯具，各房间照明功率目标值达到上限要求，节约照明用电。同时，采用智能化照明系统，实现节能运行和用户个性化调节。

（1）高效空调机组

1）供暖空调系统的冷、热源机组能效均优于现行国家标准《公共建筑节能设计标准》GB 50189 的规定以及现行有关国家标准能效限定值的要求，选择性能系数高的设备，以节约能源消耗。机组能效指标满足表 5-2 的要求，对于国际医疗中心，冷水机组能效指标提高 12%，多联式空调机组性能系数提高 14%。

冷、热源机组能效指标提高或降低幅度 表 5-2

机组类型		能效指标	提高或降低幅度
电机驱动的蒸汽压缩循环冷水（热泵）机组		制冷性能系数（*COP*）	提高 6%
溴化锂吸收式冷（温）水机组	直燃型	制冷、供热性能系数（*COP*）	提高 6%
	蒸汽型	单位制冷量蒸汽耗量	降低 6%
单元式空气调节机、风管送风式和屋顶式空调机组		能效比（*EER*）	提高 6%
多联式空调（热泵）机组		制冷综合性能系数（*IPLV*（C））	提高 8%
锅炉	燃煤	热效率	提高 3%
	燃油、燃气	热效率	提高 2%

2）空调制冷系统设置群控系统，随着空调负荷的变化，经群控系统计算优化开机的台数，或根据室外空气状态的变化，群控系统自动改变冷水机组的运行工况，有效地节省空调运行能耗。

3）水泵、风机、冷却塔等设备选择高效率产品，其他电气设备满足相关国家标准的节能评价值。同时采用变频技术，地下室排烟风机与通风合用，采用变频或分档控制，并与一氧化碳浓度监控联合调节（图 5-3）。

能源系统设备配置方案 **表 5–3**

<table>
<tr><th colspan="2" rowspan="2">区域</th><th colspan="2">夏季</th><th colspan="2">冬季</th></tr>
<tr><th>空调冷源</th><th>生活热水系统</th><th>空调热源</th><th>生活热水系统</th></tr>
<tr><td colspan="2">北区集中式冷站</td><td>冰蓄冷机组【A1】
+
常规冷水机组【B1】
+
全热回收空气源热泵空调机组【C1】</td><td>全热回收空气源热泵空调机组【C1】（制冷＋热回收工况）
+
二次再热热源设备【D1】（锅炉或高温热泵）</td><td>燃气锅炉【E1】</td><td>全热回收空气源热泵空调机组【C1】（制热工况）
+
二次再热热源设备【D1】（锅炉或高温热泵）</td></tr>
<tr><td colspan="2">国际医疗中心小型冷站</td><td>高效冷水机组【A2】
+
全热回收空气源热泵空调机组【B2】</td><td>太阳能热水系统【C2】
+
全热回收空气源热泵空调机组【B2】（制冷＋热回收工况）
+
二次再热热源设备【D2】（锅炉或高温热泵）</td><td>燃气锅炉【E2】</td><td>太阳能热水系统【C2】
+
全热回收空气源热泵空调机组【B2】（制热工况）
+
二次再热热源设备【D2】（锅炉或高温热泵）</td></tr>
<tr><td rowspan="2">其他</td><td>动物实验中心</td><td>空气源四管制多功能冷热水机组【A3】</td><td>—</td><td>空气源四管制多功能冷热水机组【A3】</td><td>—</td></tr>
<tr><td>教学行政公寓楼十层以上部分</td><td>多联机【A4】</td><td>空气源热泵热水机组【B4】</td><td>多联机【A4】</td><td>空气源热泵热水机组【B4】</td></tr>
</table>

注：上表中设备后的【 】内为设备编号，编号相同代表为同一项设备。

（2）照明节能措施

随着新材料、新技术的发展和运用，高效照明产品趋于向小型化、高光效、长寿命、无污染、自然光色的方向发展。选择高效照明灯具与光源合理配套使用，在满足照明要求的情况下，可以有效节约照明用电。项目中各栋大楼内的支架灯、灯盘采用三基色 T5 直管荧光灯，选用电子镇流器；吸顶灯、筒灯可采用紧凑型电子荧光灯；悬挂灯、投光灯可采用带就地补偿的金属卤化物灯；箱式灯具和顶棚嵌入式灯具采用 LED 灯具照明。通过采用高效率灯具，项目各房间或场所的照明功率密度（LPD）不高于照明设计标准规定的目标值（表 5-4）。

各房间照明功率密度限值 表 5–4

类型	房间或场所	照度标准值（lx）	照明功率密度限值（W/m^2）	
			现行值	目标值
办公	普通办公室	300	≤ 9.0	≤ 8.0
	高档办公室、设计室	500	≤ 15.0	≤ 13.5
	会议室	300	≤ 9.0	≤ 8.0
	服务大厅	300	≤ 11.0	≤ 10.0
医疗	治疗室、诊室	300	≤ 9.0	≤ 8.0
	化验室	500	≤ 15.0	≤ 13.5
	候诊室、挂号厅	200	≤ 6.5	≤ 5.5
	病　房	100	≤ 5.0	≤ 4.5
	护士站	300	≤ 9.0	≤ 8.0
	药　房	500	≤ 15.0	≤ 13.5
	走廊	100	≤ 4.5	≤ 4.0

国际医疗中心定位为绿色建筑三星级设计标识，采用照明控制系统，用先进的照明控制器具和开关对照明系统进行控制。在室内照明控制中，主要包括声控、光控、红外等智能化的自动控制系统，充分利用自然光进行照明，减少照明用电和延长照明产品寿命。

（3）节能电梯

医院电梯和扶梯使用频率较高，且数量较多，采用节能型电梯和自动扶梯具有较大的节能潜力。项目中主要采用了如下节能措施：①电梯、扶梯的选用：充分考虑使用需求和客 / 货流量，电梯台数、载客量、速度等指标；②电梯、扶梯产品的节能特性：采取变频调速拖动方式或能量再生回馈技术；③节能控制措施：包括电梯群控、扶梯感应启停、轿厢无人自动关灯、驱动器休眠、自动扶梯变频感应启动、群控楼宇智能管理技术等。

（4）冷凝热回收技术

冷凝热回收技术，是将空调系统排放的冷凝热作为生活热水的热源，不仅使热水系统不需要耗能或者少耗能，而且减少了空调系统的热污染，节能与环保，一举两得。本项目生活热水有较大需求，热水制备能耗较大，为了最大限度地节约能源，在夏季采用空调冷凝热回收技术承担部分生活热水负荷。医院存在部分区域需要 24h 供冷，例如住院部的病房区、恒温恒湿房间等，可以保证 24h 全天候的冷凝热供回收制备热水之用。采用空调冷凝热回收技术，在夏季有望节约生活热水能耗 50% 以上。另外，采用空调冷凝热回收技术可以大量减少空调冷却塔耗水量。

5. 采用冰蓄冷系统

冰蓄冷系统是于夜间电网低谷时段，利用低价电制冰蓄冷将冷量储存起来，在白天，通过融冰将所蓄冷量释放，实现制冷的空调系统。由于夜间制冰使用的是峰谷电价，白天融冰的制冷过程不需要消耗电力，因此其制冷成本十分低廉。

为鼓励调峰用电，充分利用现有电力资源，广东省发改委发布了《关于蓄冷电价有关问题的通知》（粤发改价格函【2017】5073 号文），规定了蓄冷电价的峰平谷比例为 1.65 ∶ 1.00 ∶ 0.25，意味着夜间制冰的电价仅为日常电价的 1/4。可见冰蓄冷系统的经济效益十分明显。

在本项目中，大部分空调负荷具有明显的日夜差别，仅病房区及动物实验中心有夜间供冷需求，适合利用夜间不运行的机组进行制冰蓄冷。因此，本项目的集中式冷站采用以冰蓄冷系统为主的空调形式，实现能源费用的节约，同时配置部分常规制冷机组满足 24h 运行负荷的需求。蓄能装置提供的冷量不低于设计日空调冷量的 30%，以节约运行费用。

6. 外窗、风扇及空调的“三联控技术”

采用智能化控制技术，在对室内环境要求不是十分严格的区域，依据气候、日时、人流量等因素，联动控制局部区域的外窗、风扇和空调系统，保证室内环境满足舒适性要求，同时节约空调能耗，实现能耗的最优管理，保障节能目标和空间环境品质。本项目中采用“三联控技术”的区域包括：①国际医疗中心首层贵宾接待厅、二层咖啡厅；②北区门诊职工餐厅；③教学行政公寓专家职工食堂等（图 5-12）。

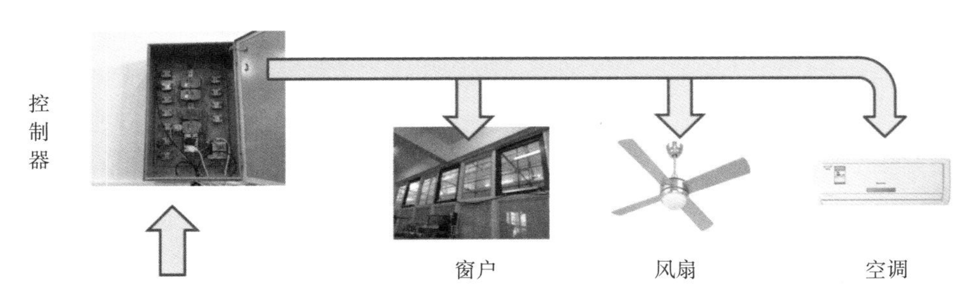

图 5–12 三联控技术示意图

7. 电气节能措施

（1）节能型变压器

变压器是电力输送的关键电气设备，由于数量众多，变压器本身消耗的电能也相当可观。随着我国产业构造的逐渐调整，对供配电系统的效率也越来越注重，而配电变压器在整个配变系统中所占的比例较大，所以对其损耗的重视程度越来越高，原有的 S11 型产品渐渐满足不了市场的需求，逐步被淘汰，损耗更低的 S13 型产品及 S15 型产品逐步成为市场的主流。

本项目采用 S13 级别以上的高效变压器，空载损耗和负载损耗满足《三相配电变压器能效限定值及能效等级》GB 20052—2013 的二级能效要求。

（2）能耗监测系统

能耗监测系统是通过在建筑物、建筑群内安装分项计量装置，实时采集能耗数据，并具有在线监测与动态分析功能的软件和硬件系统。分项计量系统一般由数据采集子系统、传输子系统和处理子系统组成。

住房和城乡建设部 2008 年发布的《国家机关办公建筑和大型公共建筑能耗监测系统分项能耗数据采集技术导则》中对国家机关办公建筑和大型公共建筑能耗监测系统的建设提出了指导性做法，要求电量分为照明插座用电、空调用电、动力用电和特殊用电。其中，照明插座用电包括照明和插座用电、走廊和应急照明用电、室外景观照明用电等子项；空调用电包括冷热站用电、空调末端用电等子项；动力用电包括电梯用电、水泵用电、通风机用电等子项。

本项目建立了完善的能耗监测系统，为其节能运行和优化提供了依据。

8. 可再生能源利用

（1）太阳能热水应用

太阳能热水系统在广东省应用广泛，本项目具有稳定的热水需求，在国际医疗中心采用太阳能热水器与空气源热泵系统联合运行的措施。太阳能集热器置于屋顶。

（2）太阳能光伏应用

目前，一种新型的太阳能发电系统——高效非逆变双备急屋顶太阳能发电供电系统（PV-LED）在市场上开始应用。PV-LED 照明技术就是采用高效非逆变屋顶太阳能发电与 LED 灯照明相结合，构建成一个发电用电直流系统，以光伏电力解决建筑内公共区域的照明问题，达到节能、低碳的目的；是目前较为先进的太阳能光伏替换传统能源，应用于建筑公共照明的实用型工程技术。

本项目针对地下车库采用 PV-LED 太阳能光伏照明，在南北区连廊中部屋顶安装光伏板，如图 5-13 所示。

图 5-13 南北区连廊顶部的太阳能光伏板

（3）其他可再生能源技术

场地内路灯采用风 / 光互补照明灯。利用太阳能和风能发电为室外停车场和道路照明灯提供电源。风 / 光互补灯光源选用高效节能的 LED 灯。太阳能和风能发电的结合既节约能源也为人员通行提供可靠的照明。

9. 针对本地气候的防潮与除湿优化

针对南沙地区潮湿的问题，特别在南方典型的“回南天”时，潮湿和结露问题明显，建筑外窗幕墙气密性满足要求，内装材料具有吸湿作用，外窗幕墙的气密性满足节能设计要求；同时，在半室外区域选用具有一定吸湿作用的材料，尤其避免用光滑材料；室内装饰材料的选择考虑湿度调节的问题，降低空气骤变结露的可能性。国际医疗中心采用四管制系统，实现了较好的除湿效果。医院内的手术室、实验室等特殊用房实施湿度独立控制，在这些区域设置独立的空调系统，确保各空间室内参数达到使用要求。

10. 节水措施

（1）雨水综合利用

本项目地处广州，根据气象资料，广州年降雨量大约 1682mm，雨水资源丰富，且全年都有降雨。广州市 1961 ~ 1990 年的气象资料显示，从 3 月到 10 月降雨量都在 80mm 以上，降雨分布比较均匀，适合雨水的收集利用，是非常好的杂用水水源。雨水是轻污染水（特别是屋面雨水），水中有机污染物较少，溶解氧接近饱和，钙含量低，总硬度小，经简单处理便可作为本项目的杂用水。由于雨水量随季节变化较大，雨水利用应优先考虑室外杂用水，如绿化灌溉、道路冲洗、车库冲洗、垃圾间冲洗等。

本项目的雨水主要回用至绿化浇灌、道路冲洗等杂用水，雨水处理工艺根据雨水水质以及指标进行选择，根据本项目特点，采用雨水收集系统及物理过滤处理系统。附建雨水收集池 800m^3，地下室设置雨水处理及回用机房约 100m^2，清水池 50m^3（图 5-14）。

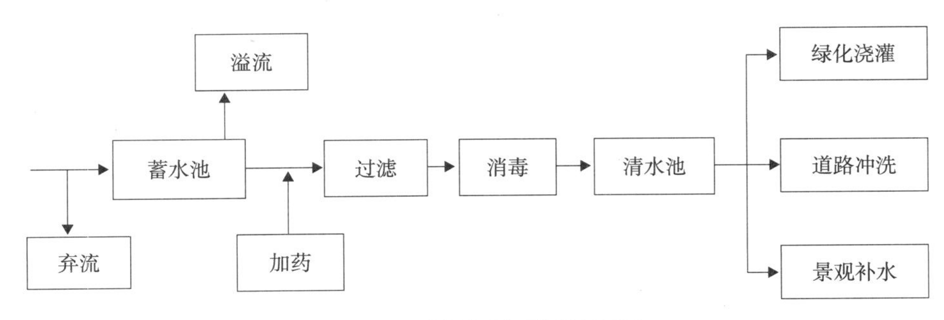

图 5–14 屋面雨水利用流程图

（2）节水灌溉技术

本项目绿地面积较大，出于经济性和适用性考虑，本项目还采用微喷灌的节水灌溉技术。微灌包括滴灌、微喷灌、涌流灌和地下渗灌，是通过低压管道和滴头或其他灌水器，以持续、均匀和受控的方式向植物根系输送所需水分的灌溉方式。微灌比地面漫灌省水50%～70%，比喷灌省水15%～20%。其中，微喷灌射程较近，一般在5m以内，喷水量为200～400L/h。

（3）节水器具

医院项目人流量较大，除特殊功能需求外，均采用节水型用水器具。公共卫生间坐便器选用3.5/5L双档水箱，小便器配感应式冲洗阀，蹲便器配双档式高位水箱或感应式冲洗阀，洗手盆龙头配感应式水嘴，公共淋浴花洒配恒温混水阀。

各卫生洁具装修选型时参考《坐便器水效限定值及水效等级》GB 25502—2017、《蹲便器用水效率限定值及用水效率等级》GB 30717—2014、《小便器用水效率限定值及用水效率等级》GB 28377—2012、《便器冲洗阀用水效率限定值及用水效率等级》GB 28379—2012、《水嘴用水效率限定值及用水效率等级》GB 25501—2010、《淋浴器用水效率限定值及用水效率等级》GB 28378—2012等标准，对于医院全部的用水器具，用水效率等级均达到2级（表5-5）。

节水器具等级说明　　表5-5

类型	评价指标		1级	2级	3级
蹲便器（配水箱或冲洗阀）	冲洗水量（L）		4.0	5.0	6.0
小便器（配冲洗阀）	冲洗水量（L）		2.0	3.0	4.0
淋浴器	流量（L/s）		0.08	0.12	0.15
洗手盆水嘴	流量（L/s）		0.100	0.125	0.150
坐便器	单档	平均值（L）	4.0	5.0	6.5
	双档	大档（L）	4.5	5.0	6.5
		小档（L）	3.0	3.5	4.2
		平均值（L）	3.5	4.0	5.0

5.2 深交所广场

5.2.1 项目简介

深交所广场坐落在中国改革开放的前沿城市——深圳市，具体位于福田中心区，深南大道以北、民田路以东、原高交会馆所在地，紧邻市民中心广场、会展中心、地铁福田站及广深港综合交通枢纽。周边市政配套完善，交通极为便利。

深交所广场建设用地面积3.92万m^2，建筑基底面积1.4万m^2，总建筑面积26.7万m^2，其中地上建筑面积18.3万m^2，地下建筑面积8.4万m^2，建筑结构为型钢混凝土框架—钢筋混凝土核心筒混合结构。地上部分46层、地下部分3层、建筑总高度245.8m。该项目是一座集现代办公、证券交易运行、金融研究、庆典展示、会议培训、物业管理等为一体的垂直多功能综合办公大楼（图 5-15 ~ 图 5-17）。

深交所广场设计方案由世界著名建筑设计大师雷姆·库哈斯担任首席设计师的荷兰大都会建筑事务所（OMA）设计。大楼外观为立柱形，大厦底座被抬升至 36m 形成一个巨大的“漂浮平台”（图 5-18），平台东西向悬挑 36m 、南北向悬挑 22m，面积达 $1587m^2$，是世界上最大的空中花园；平台的“腰部”由一条鲜亮的红色光带“缠绕”，整体造型犹如一个漂亮的烛台。

2010 年 6 月 26 日，深交所广场新大楼正式封顶，2013 年 11 月正式投入运营。深交所广场新大楼的投入运营，标示着它将承载起深圳这座金融城市服务的新使命，也将为更多的上市公司、中小企业提供优质的服务，并以全球顶级标准、配备国际化智能设备而成为深圳地标（图 5-19）。

图 5–15　建筑效果图

楼层	功能
46 层	设备层
43 ~ 45 层	公共服务空间
7 ~ 29、32 ~ 42 层	出租办公区
16、30 层	设备层 / 避难层
14 ~ 15 层	上市大厅
8 ~ 13 层	深交所办公楼员工食堂位于第 10 层
4 ~ 7 层	技术营运中心
3 层	大楼物业管理区域
2 层	西侧为办公区入口大厅，南侧为 VIP 入口大堂
1 层	商业入口大厅
地下 1 层	停车库及变配电所、空调机房等
地下 2 层	停车库及污水处理房、变配电所、发电机房、冷却塔、饮用水处理房等
地下 3 层	停车库、空调设备控制房、制冷机房等

图 5–16　建筑实景图及各层功能分布

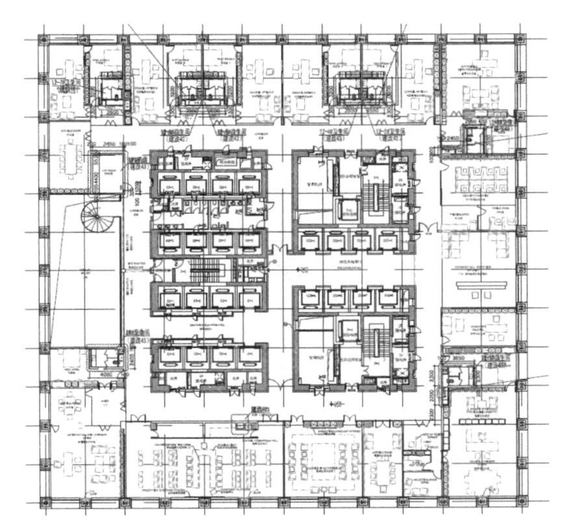

图 5-17 建筑典型办公层平面图

图 5-18 抬升裙楼效果图

图 5-19 建筑主体实景图

5.2.2 技术亮点

1. 超高层大型办公建筑的低能耗围护结构最优化设计研究与应用

（1）绿色种植屋面技术、太阳能遮阳屋面综合利用应用

深交所广场为节约城市地面空间，大楼指引了一个建筑上的新创造，建筑上设计有一个抬升基座（裙楼），它解放了在地面上占用的空间，并同时支撑和创造了另一个空中的空间。这种设计形成了一块面积宽大的抬升裙楼屋面，有利于综合解决屋面隔热、城市空间绿化、室外环境改善、景观艺术等问题，种植屋面、太阳能光热光伏屋面等节能技术的节能效益及综合利用的最优化配置问题，种植屋面的当量热阻、太阳能吸收系数、降温作用、固碳作用及其在应用中的防水等问题，太阳能光伏和热水屋面的遮阳作用、防风及防雷等问题。

（2）建筑自遮阳、外遮阳、内遮阳技术在超高层办公建筑的综合应用

可调节、构件外遮阳、内遮阳技术的节能效益及其结合立面设计的综合利用最优化配置；各种外遮阳的保洁维护及综合考虑遮阳和防噪功能的最优化设计。

（3）地下空间和厅堂多种形式的自然采光技术应用

采光井在不同尺寸、构造下的采光效果；光导管随长度的衰减、不同尺寸布置时的均匀度；采光井和光导管的建筑一体化设计效果。

2. 蓄冰空调系统的适用性及在超高层大型办公建筑上的应用

冰蓄冷制冷系统对电网移峰填谷的效果；利用峰谷电价差值 4 ∶ 1，冰蓄冷系统在运行中节省运行费用的效果；冰蓄冷系统运行的可靠性和稳定性；蓄冰空调系统对提高制冷设备 *COP* 值和制冷机组运行效率的作用。

3. 排风热回收技术在超高层大型办公建筑上的应用

排风热回收技术在超高层大型办公建筑上的应用热回收效率，全热交换的转轮热回收装置运行的可靠性和稳定性。深交所广场室内空间区域数量多，功能复杂，包括了办公区、会议区、餐饮区、贵宾区、交易大厅、档案室等。这些区域对室内环境温度、湿度的要求均不相同，较全面地集成了多项空调系统的节能技术，具有研究应用价值。

4. 太阳能热水系统在超高层办公建筑的综合研究与一体化集成应用

目前，国内的绿色和节能建筑应用太阳能热水系统多集中于低层建筑和多层建筑，而针对本项目研究超高层办公建筑应用太阳能热水系统的适宜性问题、太阳能热水系统在超高层办公建筑中的一体化设计效果、太阳能热水系统在超高层办公建筑中的运行效率和维护管理。

5. 太阳能光伏发电技术在超高层办公建筑的综合研究与一体化集成

项目结合超高层办公建筑的特点，太阳能光伏发电应用及建筑一体化的适应性，筛选适合建筑特点和当地气候的高效光伏技术，从低成本、低排放、一体化的角度进行光

伏组件多样性和建筑一体化适应性研究。研究太阳能光伏发电系统在超高层办公建筑中的运行效率和维护管理。

6. 非传统水源在超高层办公建筑的再利用应用

高层办公建筑水资源的有效利用，以保护和节约水资源。在方案、规划阶段制订水系统规划方案，统筹考虑传统与非传统水源的利用，增加对雨水和中水的再利用功能。非传统水源利用的用水安全保障措施，以及对人体健康与周围环境产生的影响。研究多种形式透水地面的应用效果和维护管理。

7. 用能系统的智能化集成控制在超高层办公建筑的应用

建筑设备自动化系统对建筑物内的电力、照明、排水、防灾、保安、车库管理等设备或系统的集中监视、控制和管理效果。智能化控制系统对建筑内外的各种信息的收集、处理、显示、检查和提供决策支持的能力，以及语音通信、数据通信、图形图像通信的特点。

8. 办公建筑室内环境质量监控技术应用

对于大型办公建筑，考虑其工作人员密度和室内舒适性需要，应用建筑室内环境质量监控技术。室内主要位置温湿度、二氧化碳、空气污染物浓度等要素的变化特点，以及与自动通风调节的关联情况。物业对于办公建筑室内环境质量监控系统的运营管理模式。

9. 超高层大型办公建筑绿色施工

施工管理、环境保护、节材与材料资源利用、节水与水资源利用、节能与能源利用、节地与施工用地保护六个方面的绿色施工管理制度和运行模式。超高层大型办公建筑装配式模板化施工对于节材的贡献和环境的保护。

10. 超高层大型办公建筑绿色建筑运营管理

超高层大型办公建筑绿色节能运营管理机制和商业运行模式。建筑通风、空调、照明等设备自动监控系统高效运营管理制度。智能化系统通过平台采集、存储的绿色建筑各类实时信息与历史数据的分析。

5.2.3 技术应用

深交所广场项目于 2012 年获得住房和城乡建设部的第 19 批绿色建筑设计标识（三星级），于 2016 年 11 月完成绿色建筑运行标识三星级的评审。在施工中针对高难度悬挑平台施工难题，攻克了世界上最大的空中悬挑平台施工难关，创造了“立体流水作业施工工艺”，在建设中推广应用“建筑业十项新技术”中的十大项三十子项，推广应用其他新技术四项，自主创新技术四项，并荣获 2014 年度“鲁班奖”。在运营管理中，从专业角度出发，对各项系统和设备精心维护，积极探索和总结，精益求精，在每一个细节做到更节能，更绿色。从方案、设计、施工、运营，本项目绿色建筑的创建几乎伴随着项目的建设全周期，采用多项绿色建筑技术措施，打造一座真正绿色、节能、舒适、具有代表性的高品质超高层办公建筑。

1. 节能措施与能源利用

（1）空调系统节能措施

大楼主要采用变风量全空气空调系统，全楼设置 2000 台变风量末端装置。变风量末端装置是变风量空调系统（Variable Air Volume System）的关键设备之一。空调系统通过末端装置调节一次风送风量，跟踪负荷变化，维持室温。由于南方气候湿度大，空调季节长，所以潜热交换效率高，故选用可实现全热交换的转轮热回收装置。考虑到热回收效率，选用大风量回收机组，在 16 层和 32 层设备层各设置 4 台转轮热回收装置（图 5-20），单台处理风量在 18000 ~ 32400m^3/h 之间，分为 4 个小系统，对塔楼办公层的排风进行冷量回收，预冷新风。

大楼全空气系统采用了全新风运行和可调新风比技术，新风在设备层与排风进行热交换，再通过新风管送至各层空调机组。各层空调机组设置独立变频器，可根据空调冷负荷要求调节送风量。过渡季节最大限度地利用天然冷源，在室外温湿度合适的情况下，各空调系统均可实现全新风运行或可调新风比的新风运行策略。

图 5–20　热回收机房实景图

因冰蓄冷制冷系统对电网有移峰填谷的作用，深圳供电局为鼓励用户使用冰蓄冷系统，提供冰蓄冷的优惠电价，峰谷电价差值可达到 4 ∶ 1；冰蓄冷系统在运行中可大大降低年耗电量，减少运行费用，同时增加系统运行的可靠性。

冰蓄冷制冷系统的工作原理是制冷主机在夜间的电价低谷时段（晚 11：00 ～早 7：00）运行制冷，并将冷量以冰的形式储存起来，在次日需要时再通过融冰方式将冷量释放出来供末端使用（图 5-21）。本工程冰蓄冷系统采用串联—主机上游式—单泵系统，乙二醇循环泵采用变频泵，备用方式为 N+1（图 5-22）。通过采用冰蓄冷制冷系统，将提高电网用电负荷率，改善电力投资综合效益和减少二氧化碳、硫化物排放量。

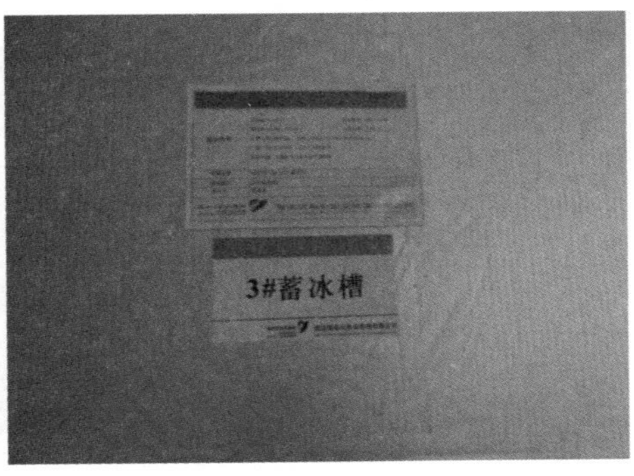

图 5–21　项目蓄冰机房及蓄冰槽实景图

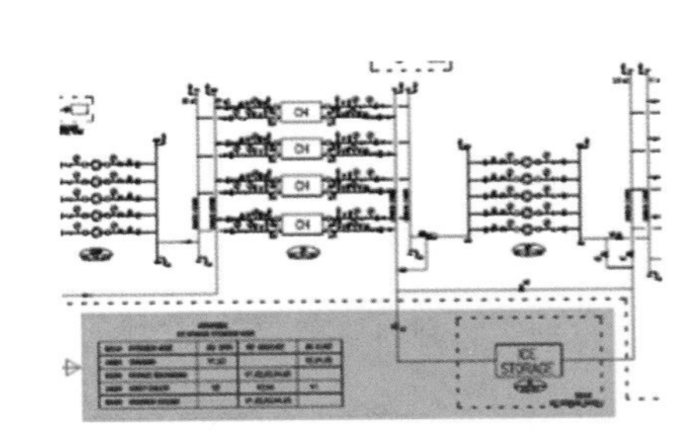
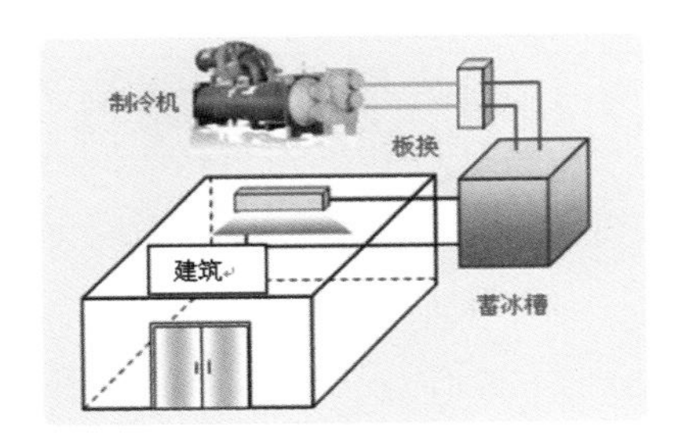

图 5–22　冰蓄冷技术原理图及系统图

（2）空气源热泵采暖

典藏中心、档案中心及高管办公楼层的采暖热源由风冷热泵热水机组提供，风冷热泵机组设在 16 层和屋顶（*H*+242.8m）层机电层内，采暖供回水温度为 50℃ /45℃。采暖管道为双管制，与冷冻水管道共用末端，形成两管制系统。

采暖末端设备：高管办公区、档案库、典藏区、客房采用带热水加热段的四管制空调机组送热风方式供暖，顶楼餐厅、影院和大堂吧采用两管制风机盘管供暖。

采暖热源选用 4 台风冷涡旋式热泵热水机组，单台制热量 217kW，采暖供回水温度为 50℃ /45℃，水流量 10.4L/s。采暖管道为双管制，与冷冻水管道共用末端，形成两管制系统。

（3）智能照明控制应用技术

楼宇设备控制系统对公共区照明及室外照明进行控制，其他区域的照明采取手动开关，照明设计与自然光照明合并，通过综合控制设备以实现节能目标。高管办公室、30人以上会议室、上市大厅、中厅等处的照明采用智能照明控制系统，主要为分散控制系统（FCS），以便除照明外，还整合控制本房间内的电动窗帘等机电设备。

景观照明、车库照明采用智能照明控制系统，可按时段作场景化调节；采用智能照明控制系统，对大开间、走廊、门厅、楼梯间、室外立面及环境等照明进行集中监控和管理，并根据环境特点，分别采取定时、分组、照度 / 人体感应等实时控制方式，最大限度地实现照明系统节能。

（4）太阳能热水系统

45 层客房及服务员工用淋浴热水，45 ~ 46 层公共卫生间热水，采用集中热水供应系统（图 5-23），以太阳能热水为一次热源，备用热源采用空气源热泵机组供应，热水箱内置电加热器作为空气源热泵辅助加热设备。太阳能集热板设置于塔楼屋顶（图 5-24）。

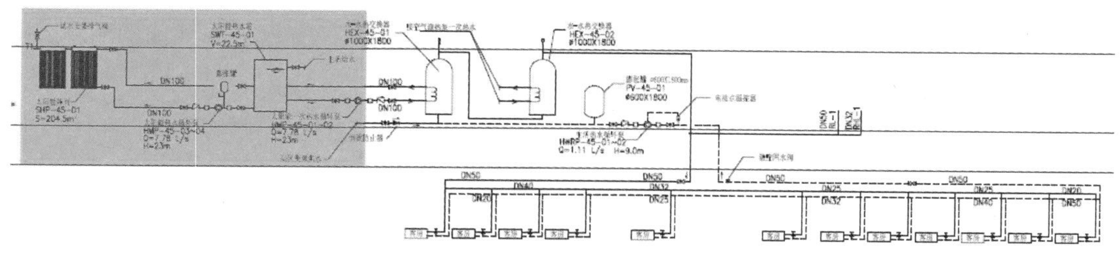

图 5-23　太阳能热水系统图

图 5-24　屋顶太阳能光伏板实景图

5）太阳能光伏发电系统

为有效节约能源，本项目合理利用可再生能源技术，在屋顶及抬升裙楼安装了太阳能集热板（图 5-25、图 5-26）。

屋顶光伏发电系统，采用 180Wp 单晶硅双玻璃光伏组件共 154 块，系统额定总功率

24.48kWp，钢结构区域采取 14 串 ×5 并的接线方式接入一台 12kW 并网逆变器；两边机房 T07 ~ T10 轴屋面区域采取 13 串 ×5 并的接线方式接入一台 12kW 逆变器；整个屋顶光伏发电系统年平均发电量约为 2.8 万 kWh。系统安装在深交所的屋顶标高 +246.30m 的钢结构和两边机房屋面，光伏系统电能输出供给大厦本身负载使用。太阳能光伏发电系统设计参数具体见表 5-6。

光伏发电系统设计参数　　表 5-6

光伏发电部位	额定总功率	年发电量
塔楼屋顶	24.48kWp	2.8 万 kWh
抬升裙楼楼梯顶	52.2kW	4.14 万 kWh
抬升裙楼遮荫亭顶部和女儿墙外围地面	89.4kW	9.62 万 kWh

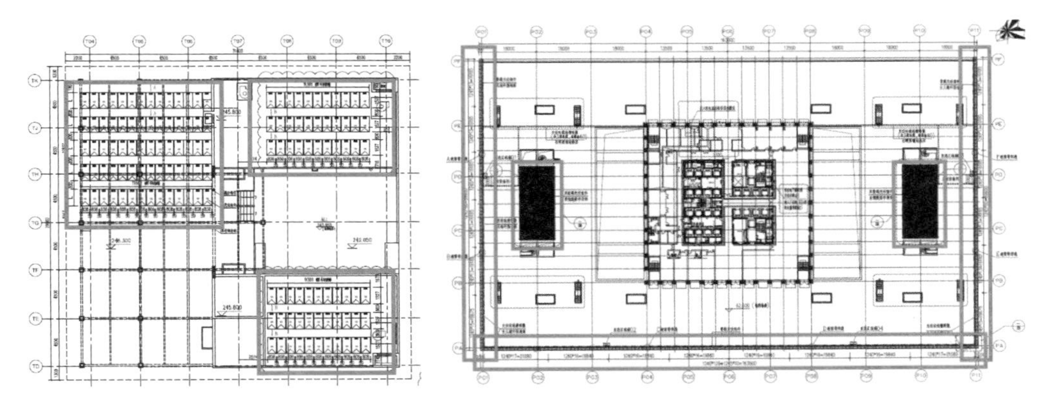

图 5-25　太阳能光伏板安装部位

图 5-26　裙楼太阳能光伏板安装部位实景图

2. 节水措施与水资源利用

1）中水回收再利用

深交所广场大楼中水回收再利用系统将本大楼的淋浴、盥洗优质杂排水及空调冷凝水全部收集，设专用废水立管重力流排至地下三层中水处理机房，经处理达标后用于1～43层冲洗厕所，中水处理采用膜生物反应器（MBR）工艺，是活性污泥法与膜分离技术的有机、高效结合（图5-27、图5-28）。

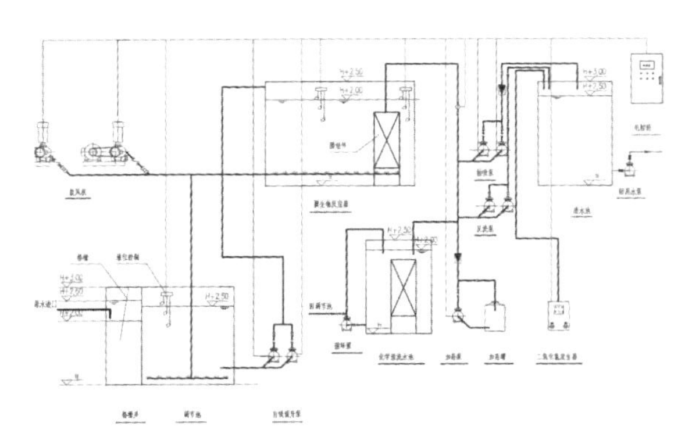

图5-27　中水处理工艺流程图

图5-28　中水水池实景图

2）雨水集蓄再利用技术

将塔楼屋面雨水、抬升裙楼屋面雨水收集至室外1010m³的雨水蓄水池，处理能力50m³/h，采用柱式膜处理工艺（图5-29）；将室外广场雨水收集至室外320m³的雨水蓄水池，处理能力25m³/h，采用柱式膜处理工艺（图5-30），雨水经处理后用于抬升裙楼屋面、室外地面的冲洗和绿化浇洒以及地下车库地面冲洗。雨水机房实景图见图5-31。

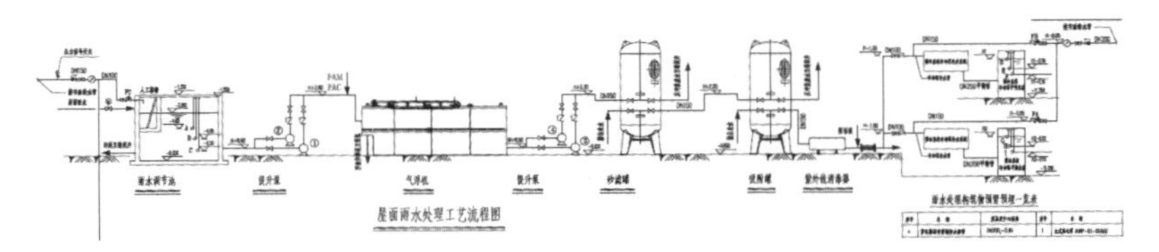

图 5-29 屋面雨水净化处理系统图

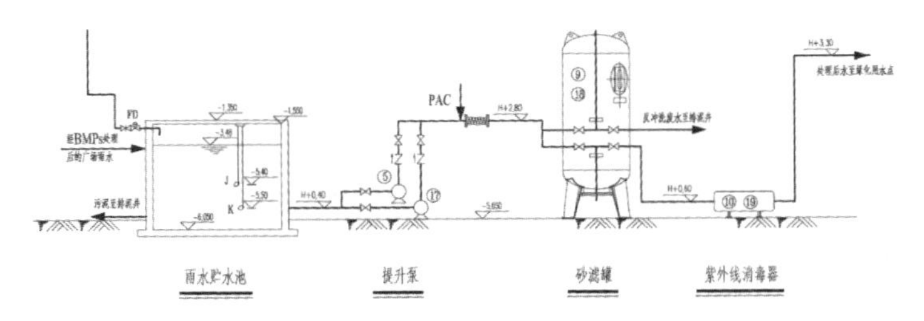

图 5-30 广场雨水净化处理系统图

图 5-31 雨水机房实景图

3）给水排水系统综合智能控制技术

采用 DDC 在楼宇自控系统的现场设备上集成监控和管理生活水泵、热水泵、中水泵、排污泵、减压阀等设备。

绿化灌溉监控系统提供标准通信接口，建筑设备管理系统（BMS）能通过通信接口对绿化灌溉设备进行不少于以下状态的监控：启停控制、运行状态显示、故障报警等。

3. 室内环境改善措施

1）室内综合环境优化

通过模拟分析（图 5-32）可知，办公楼层的建筑平面设计有利于自然采光，外窗的内遮阳系统与照明系统联动智能化控制；提升裙楼内设有两个采光天井，有助于自然光投入裙楼内部；大楼东西两旁的两个中庭亦大量利用自然光，以节省照明用电及改善室内环境质量（图 5-33、图 5-34）。

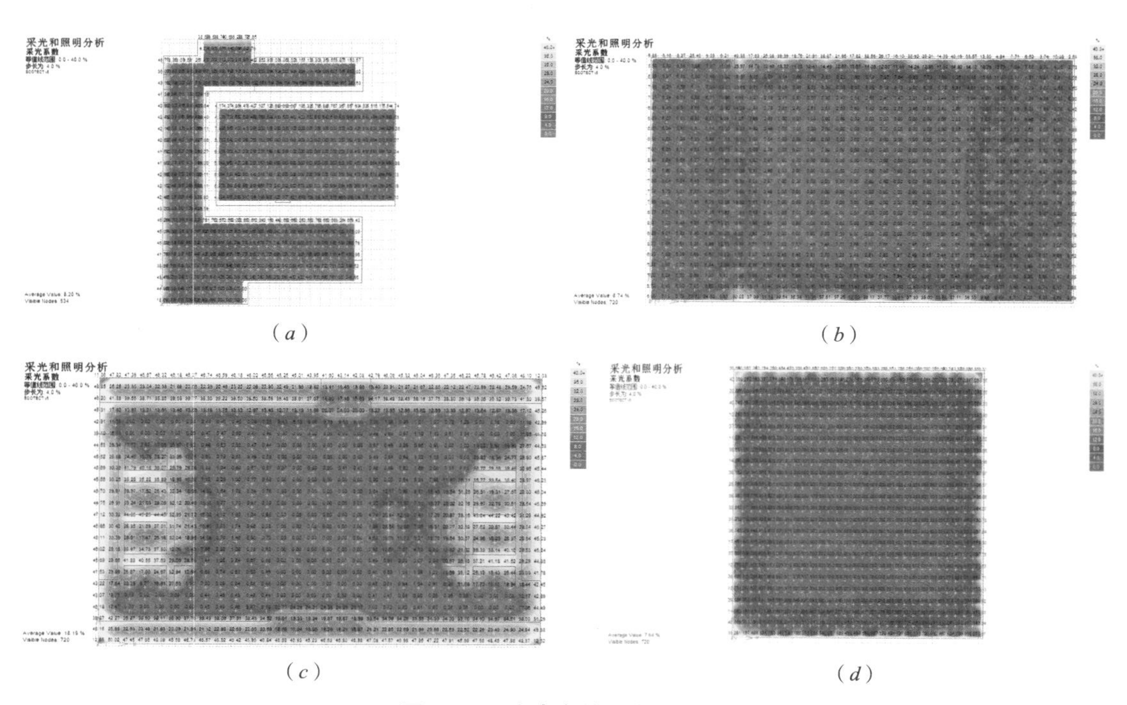

（a）（b）（c）（d）

图 5-32　室内自然采光分析图

图 5-33　大厅及中庭自然采光实景图

图 5-34 室内自然采光实景图

根据塔楼典型办公室的二维平面图，结合玻璃幕墙立面下悬窗的设置位置（图 5-35），对项目的室内自然通风情况进行了模拟分析，结果显示室内通风效果良好（图 5-36）。

图 5-35 可开启部位实景图

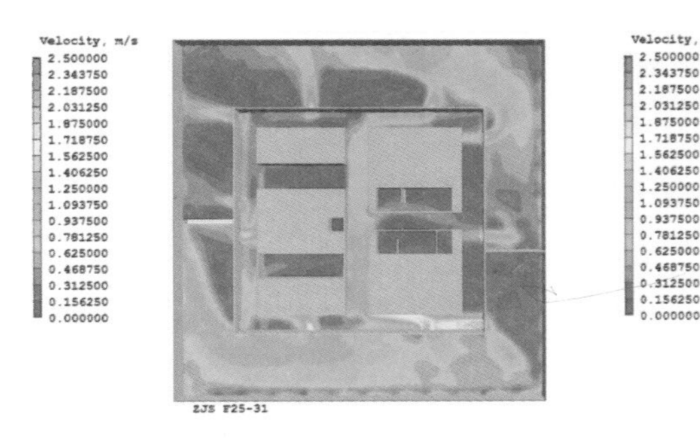

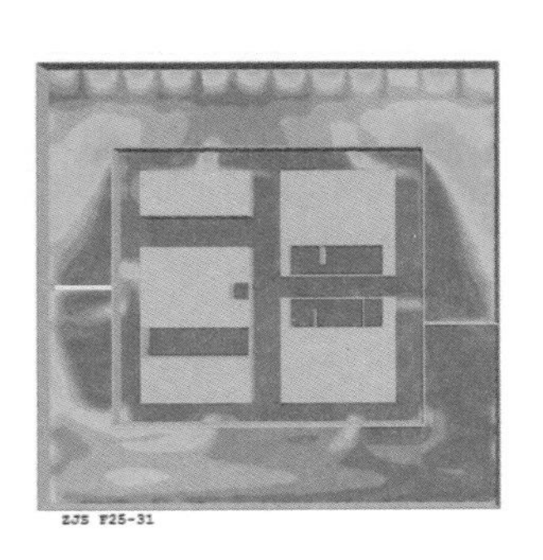

图 5-36 室内自然通风分析图

2）综合遮阳技术

项目整体采用多种遮阳形式（图 5-37），几乎涵盖了建筑中常见的遮阳形式，在外窗遮阳对深交所广场建筑能耗影响的模拟中发现，当外窗综合遮阳系数降低时，该建筑的制冷能耗大幅度降低了，从而降低了空调负荷，节省了空调的运行费用。同时，遮阳除了降低建筑能耗，还对提高室内居住舒适性有显著的效果，避免过强的日光对办公人员视觉和精神上的影响。

图 5-37　项目外遮阳措施示意图

项目外设梁柱构造的立面设计形成整体有效的外遮阳系统。现有设计的外露横梁和立柱，会比相同窗墙比条件下传统构造的太阳辐射得热减少 60%（图 5-38）。

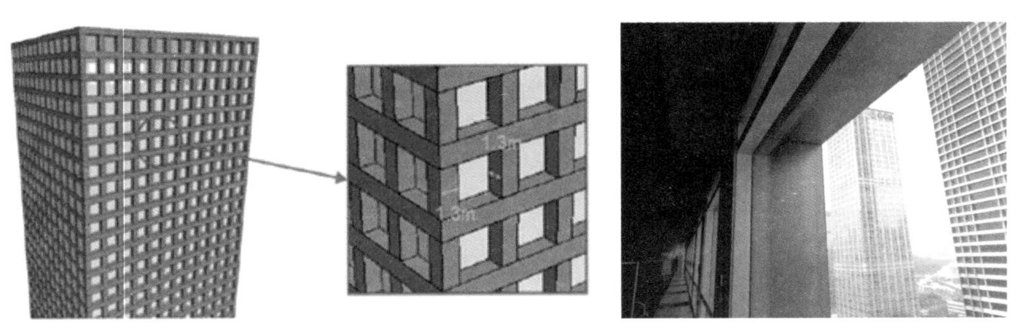

图 5-38　大楼外设梁柱构造遮阳示意与实景图

外窗设计内遮阳帘，通过楼宇设备控制系统对公共区照明及室外照明进行控制，照明设计与自然光照明合并，根据室外自然光的强度调节遮阳帘的开启面积，通过综合控制设备以实现节能目标。

3）景观绿化

（1）屋顶绿化

建设用地内的绿化避免大面积的纯草地，采用屋顶绿化等方式。

植物的配置体现本地区植物资源的丰富程度和特色植物景观等方面的特点，以保证绿化植物的地方特色。同时，采用包含乔、灌木的复层绿化，形成富有层次的城市绿化体系。

项目在抬升裙楼屋顶设置空中花园，采用了大面积的绿化，选择植物时采用包含乔、灌木的复层绿化，植株种类主要分为五大类，乔灌木配置合理，屋顶绿化总面积5164.3m^2。屋顶绿化面积占屋顶可绿化面积比例为32.93%（图5-39、图5-40）。

图 5–39 深交所广场抬升裙楼屋面绿化实拍图

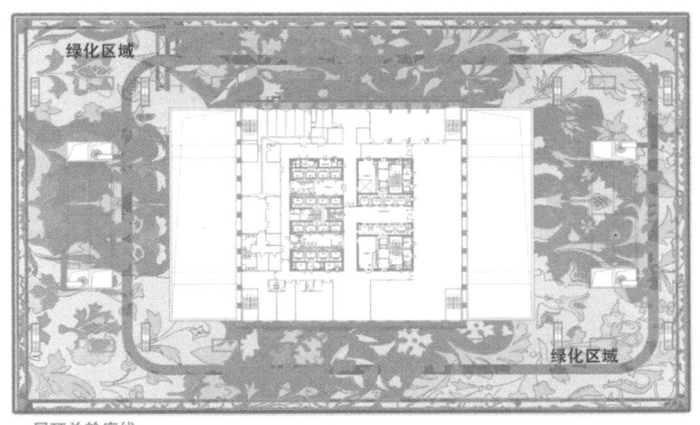

图 5–40 屋顶绿化种植平面图

建筑绿化作为隔热措施有着显著效果，可以节省大量空调用电量。同时，建筑绿化可明显降低建筑物周围环境温度（0.5 ~ 4.0℃），而建筑物周围环境的温度每降低 1℃，建筑物内部空调的容量可降低 6%。

（2）垂直绿化

首层广场北侧冷却塔外围护构件设计有垂直绿化，采用形态较小的单元式植株搭配组成富有层次感和艺术感的绿化墙，如图 5-41 所示，在改善冷却塔周边热环境的同时，也与周边景观设计达到了协调一致的艺术效果。

图 5-41　冷却塔外围护构件垂直绿化实拍图

采用多种植物搭配，营造了多元化的立体绿化效果。在 11、22、33 和 45 层也设计了复层绿化的空中花园（图 5-42）。

图 5-42　空中花园实拍图

项目绿化物种配置合理，大部分采用适应当期气候的本地植株：

首层景观设计主要绿化物种：乔木——青皮木棉、锦叶榄仁、葵；灌木——茶树、鳞枇泽米铁；水生植物——睡莲、水松、慈姑、金鱼草；观赏草坪——蓝恰草、细茎针芽、针芽、须芒草；兰——朱顶兰、石蒜、葱兰。

抬升裙楼景观设计主要绿化物种：高灌木——圆柏、尖叶木樨榄、珊瑚树；矮灌木——锦熟黄杨、海桐、福建茶；宿根 / 球根花卉——红花鼠尾草、石蒜、红网纹草。

庭院景观设计主要绿化物种：高灌木——尖叶木樨榄、珊瑚树；矮灌木——锦熟黄杨、海桐、福建茶；观赏草——纤细狼尾草；攀缘植物——白紫藤、素方花、短柱铁线莲、紫藤。

深交所广场大楼整体绿化技术的应用，既能切实地增加绿化面积，提高绿化在二氧化碳固定方面的作用，改善屋顶和墙壁的保温隔热效果，又可以节约土地。可以形成富有层次的城市绿化体系，不但可为使用者提供遮阳、游憩的良好条件，还可以吸引各种动物和鸟类筑巢，改善建筑周边的生态环境。

4）室内环境质量监控系统

深交所广场大楼环境监控系统包括室内空气质量监控和室外环境监视两个方面。楼宇设备管理系统会对室内环境的温度、湿度、二氧化碳、空气质量进行监控分析，并以自动通风调节保证室内控制质量良好、健康。

部分区域（车库、空调机房等）设置二氧化碳及重要空气污染物的监测系统，对室内主要功能空间的二氧化碳、空气污染物浓度进行数据采集和分析。

5）地下采光优化

大楼东西两旁的两个中庭亦大量利用自然光，以节省照明用电及改善室内环境质量。同时，使用光导照明系统。光导照明自动控制系统应用在装有光导照明系统的场所，可以根据室内照度的变化自动控制该区域室内灯具的开启和关闭，使工作环境保持稳定的正常照明状态并达到节约能源的目的（图 5-43）。

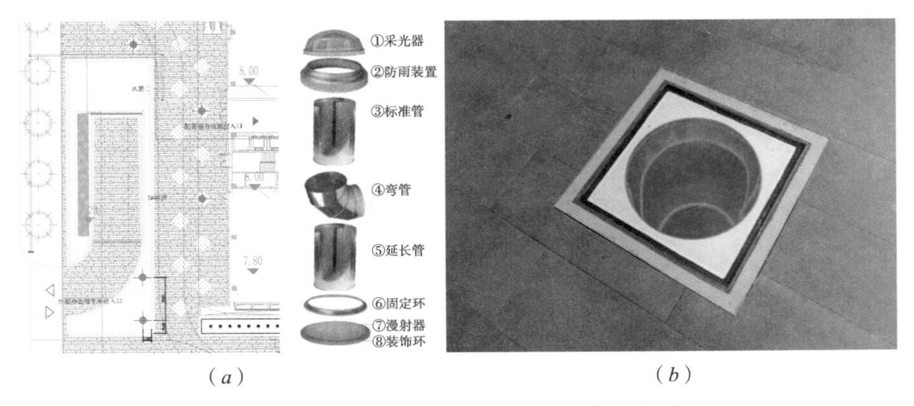

（*a*）　　　　（*b*）

图 5-43　地下采光措施实景及分布图（1）

（*a*）光导管位置分布图；（*b*）地上光导管实景图；（*c*）地下采光井实景图

（c）

图 5–43　地下采光措施实景及分布图（2）

（a）光导管位置分布图；（b）地上光导管实景图；（c）地下采光井实景图

4. 实施效果

通过采用绿色建筑技术和措施，同时在项目运行时进行精细化物业管理，绿色运营制度完善、人员配备齐全、智能监控系统运行良好，实现了绿色建筑运行过程中节能、节水的要求。据统计，扣除数据机房用电后，本项目全年用电量统计如表 5-7 所示。单位建筑面积用电量约为 87kWh/m^2，实现了节能的目标。

全年用电量（kWh）　　表 5–7

统计月	B 系统空调用电	空调风机用电	弱电井、机房用电	幕墙及景观照明用电	电梯用电	车场照明用电	深交所及出租单位用电	总用电量
2015 年 10 月	409090	70479	58864	22120	37141	51447	1260308	1909449
2015 年 11 月	383130	80620	57774	25870	35910	52742	1034899	1670944
2015 年 12 月	111485	78357	59215	27590	37673	55135	1273040	1642495
2016 年 1 月	96790	64070	59443	28760	36250	52383	1068115	1405811
2016 年 2 月	66835	51641	54704	26200	27276	44948	1276026	1547630
2016 年 3 月	142625	73339	57422	27310	38373	58057	1221951	1619076
2016 年 4 月	427025	85737	57944	25040	41046	55559	1296462	1988813
2016 年 5 月	710010	100044	59929	24550	43446	56635	1204098	2198712
2016 年 6 月	973595	108996	58855	25320	44492	53581	1271315	2536154
2016 年 7 月	1050865	114348	61932	27050	43988	54065	1005785	2358032
2016 年 8 月	897748	116990	61082	22320	44116	56587	1102299	2301142
2016 年 9 月	775920	101469	58888	23000	39262	53672	1176624	2228834
合计	5141413	816633	530198	229550	358249	485487	14190922	23407093

项目采用了冷凝水回收、雨水收集利用、中水处理回用系统，全年用水量见表 5-8 所

示，扣除空调冷却塔用水后，年总用水量 68891m^3，其中非传统水源用量 43728m^3，非传统水源利用率达 63.5%，节约了大量水资源。

全年用水量（m^3） 表 5-8

	雨水用量	中水用量	非传统水源用量	总用水量	非传统水源利用率
2015 年 1 月	655	2755	3410	6258	54.50%
2015 年 2 月	376	2357	2733	4965	55.00%
2015 年 3 月	212	2846	3058	5784	52.90%
2015 年 4 月	2002	2461	4463	6722	66.40%
2015 年 5 月	1160	2111	3271	4255	76.90%
2015 年 6 月	1297	2423	3720	5683	65.50%
2015 年 7 月	1205	2646	3851	5601	68.80%
2015 年 8 月	898	2366	3264	5046	64.70%
2015 年 9 月	1083	2464	3547	5508	64.40%
2015 年 10 月	1975	2090	4065	5771	70.40%
2015 年 11 月	1748	2416	4164	6440	64.70%
2015 年 12 月	1346	2836	4182	6858	61.00%
合计	13957	29771	43728	68891	63.5%

深交所广场项目以绿色建筑综合技术为出发点，遵循可持续发展原则，体现绿色平衡理念，通过科学的整体设计（自然通风、自然采光、低能耗围护结构、太阳能利用、雨水利用、多层次绿化、可调节外遮阳、智能化控制、空调系统节能等技术），绿色施工控制，绿色运营管理，实现我国绿色建筑示范工程所倡导的节能、节地、节水、节材及环境保护等要点，同时结合项目自身特色，凸显项目“节能减排”“资源低消耗”“健康舒适的建筑环境”三方面的示范效果，值得今后超高层绿色建筑借鉴和推广。

5.3 南沙青少年宫

5.3.1 项目简介

南沙青少年宫项目位于广州市南沙区明珠湾区起步区内，凤凰大道西侧南沙体育馆片区 A1-12-01 地块。项目东侧为 60m 宽的凤凰大道，西侧为规划路（12m 宽），南北两侧现有 20m 宽的主要道路，地块南侧为南沙体育馆，北面为规划体育公园。本项目占地面积 30036m^2，总建筑面积为 56258m^2，绿地率为 35%，建筑密度为 39.2%。其中，地上共 5 层（局部 4 层），建筑面积 39046m^2，地下共 1 层，建筑高度为 23.9m，为多层公共建筑。

建筑功能主要为多功能儿童剧场、文化交流展厅、图书馆、科技互动展厅、报告厅、教学用房，建筑为局部5层的多层公共文化建筑。地下部分主要为地下汽车库及配套餐饮和设备用房。地上除展厅教室外，还设有部分配套、会议、办公及相关设备用房等。

南沙青少年宫地处国家级新区南沙新区，作为第六个国家级新区，将建立“粤港澳深度合作区”。南沙青少年宫深刻把握当下国际先进儿童教育理念发展趋势，抓住粤港澳大湾区建成绿色、宜居、宜业、宜游的世界级城市群的机遇，体现南沙作为广州城市副中心、粤港澳大湾区城市群核心门户城市的定位，凸显新时代的“创新、科技、环保、智能”等主题，构筑以粤港澳青少年交流为主题，集综合协调、信息服务、资源支持、实施服务等各类功能为一体的工作阵地，立足为广州南部地区、粤港澳大湾区乃至国际青少年儿童成才服务。

南沙青少年宫旨在打造成为面向粤港澳大湾区的综合性、示范性国际青少年交流活动平台。项目融合了素质教育、科技体验、对外交流、文化休闲、团队活动等多元化功能，致力于将最好的校外教育给青少年儿童，使更多的青少年感受更先进的文化，引导青少年课余文化活动的健康深入发展。

南沙青少年宫致力于建设具有国际领先水平的青少年活动场馆，作为明珠湾片区核心标杆，青少年宫在技术上不仅对国内先进案例对标，而且实现与国际接轨，未来的南沙青少年宫将是：向青少年推广宣传绿色低碳理念的绿色窗口、生态载体；面朝大海打造中国南海特色化绿色名片、低能耗风向标；建造一座多维度自由交融的现代智慧化场馆（图5-44）。

图5–44　项目效果图

5.3.2 技术亮点

南沙青少年宫充分研究绿色建筑设计内容，建筑及场地设计对日照、风环境、建筑材料、建筑节能等绿色建筑技术进行充分回应，包括但不限于在集成使用可再生能源、水资源利用、绿色建材、通风采光等方面，遵循被动优先、主动优化的原则，体现生态思想和节能观念以及可持续发展和低碳、环保的理念，满足绿色建筑三星标准。

1. 生态型绿色建筑

（1）海绵设计

场地内综合采用绿色雨水基础设施，实现场地内雨水收集利用的生态技术体系。其中，下凹式绿地面积为 5272m^2，透水混凝土铺装面积为 5769m^2，景观水体面积为 476.6m^2，雨水调蓄池为 600m^3，经核算青少年宫项目年径流总量控制率可达到 91.13%。

同时，合理规划场地内水系统，实现水质分级利用，将雨水进行处理后，回用到道路浇洒、绿地灌溉、车库冲洗以及水景补水。

（2）降低热岛效应

项目红线范围内户外活动场地乔木、构筑物遮荫措施的面积比达到 32.35%, 同时采用高反射率道路铺装材料和屋面材料，太阳辐射反射系数不低于 0.4 的道路路面、建筑屋面面积占总面积的比例达到 84.84%。项目采用复合绿化方式并结合屋顶绿化、垂直绿化，为青少年创造了良好的室外生态系统。

2. 被动式绿色建筑

（1）室内自然采光

南沙青少年宫通过设置中庭，并结合在顶层走廊设置导光筒（共计 29 个），形成多个自然采光空间。经过模拟分析，整体评价区域 87.9% 以上的主要功能空间面积采光满足现行标准要求。

（2）室内自然通风

中庭设计有拔风效果，建筑四周均有均匀布置的通风口，形成“穿堂风”。经过模拟分析，项目室内通风换气次数平均达标面积比例为 89.27%, 可形成较好的自然通风效果。

（3）高性能围护结构＋可调节遮阳

项目位于夏热冬暖地区，降低幕墙太阳得热系数有助于降低夏季太阳辐射进入室内热量，降低负荷，减少能耗。项目各朝向幕墙太阳得热系数均比国家现行有关建筑节能设计标准规定的降低幅度达到 10%。同时，采用穿孔铝板配合高反射窗帘方式，对建筑透明围护结构实行遮阳措施，可避免夏季太阳辐射阳光直射室内，防止局部过热和眩光的产生，经统计，项目采用可调节外遮阳的面积比例达到 50.5%。

3. 高性能绿色建筑

（1）高性能空调系统

项目采用高效的冷源机组：

1）采用制冷量为 1582kW 的磁悬浮冷水机组，其 *COP* 值为 5.97, 性能提升幅度达 14.59%。

2）采用的多联式空调室外机 *IPLV* 为 5.5，性能提高幅度达 37.5%。

3）房间空气调节器其能效等级达到《转速可控型房间空气调节器能效限定值及能源效率等级》GB 21455 中规定的 1 级节能型产品标准。

同时，项目采用高性能变频水泵、风机，可降低空调输配系统能耗。空调系统耗电输冷比相比现行《民用建筑供暖通风与空气调节设计规范》GB 50736—2012 降低幅度达到 21.7%。

（2）智能照明

项目光源采用 T5 三基色荧光灯、紧凑型节能荧光灯或 LED 光源。项目所有区域照明功率密度按照目标值进行设计。

同时，对多功能厅、公共走道、室外景观照明及建筑物泛光照明等采用智能灯光控制系统进行自动控制，并按建筑使用条件和天然采光状况采取分区、分组控制措施。对于楼梯间普通照明采用热释红外感应节能延时开关控制，可有效降低照明能耗。

（3）可再生能源系统

项目化妆间、浴室及各层母婴室有热水需求，通过在屋面设置太阳能集热器＋空气源热泵来满足热水需求。经核算，项目需要的热水设计小时供热量为 758037.66kJ，太阳能和空气源热泵可提供设计小时供热量 748638kJ，可再生能源比例达到 98.76%。项目太阳能和空气源热泵可提供的年热水量为 14162t，年节约热量为 2663872.2MJ，电加热设备的效率按 94% 计，年节电量为 787196.28kWh。

（4）节水技术

项目采用的各用水器具，包括水嘴、坐便器、小便器、淋浴器等均满足 1 级节水器具的要求。公共浴室淋浴器采用带恒温控制和温度显示功能的冷热水混合淋浴器，并设置 IC 卡水表。同时，道路浇洒和车库冲洗全部采用节水型高压水枪，均可有效减少用水末端水资源浪费。

4. 高品质绿色建筑

（1）安静学习环境

青少年项目办公、展厅、教室的室内背景噪声范围为 32 ~ 33dB，可为青少年提供静谧的学习环境。

（2）舒适学习环境

建筑各层公共区域、展厅、剧场及化妆间、多功能厅等设置集中全空气空调系统，3 ~ 5 层培训教室、办公室设置多联机空调系统。通过在各功能区域设置温度传感器，确保 90% 的主要功能房间均能实现个性化调节。

（3）洁净学习环境

项目在多功能厅、公共走廊区域、剧场、各类教室均设置室内空气品质监测系统，根据监测的室内二氧化碳、甲醛浓度调节新风、一次、二次回风阀的开度，以保证室内空气品质。此外，项目在空调机组、新风机组上加设粗效、静电除尘中效过滤器装置，可以净化新风，有效保证室内空气品质。

5. 智慧型绿色建筑

（1）大数据技术应用

基于现有通信网络平台及各智能化子系统的平台接口，项目采用楼宇智慧管理、能耗智慧管理、智慧停车管理、碳足迹管理系统、BIM 技术等。结合多维能耗数据采集系统，合理分配能源供给，并结合物联网设备，实现建筑智慧运行。

（2）BIM 技术应用

项目建筑外表皮设计造型较为复杂，有较多的曲面、吊桥廊道、钢结构等，室内空间类型多而复杂；基于建筑初步设计图纸创建 BIM 模型，逆向进行检查，有利于对设计可行性的检查，可视化辅助设计，优化设计建筑各专业图纸。

项目后期利用 BIM 轻量化、互联网、物联网、自动化控制、大数据、云平台、人工智能等技术，不断集合和开发建筑各辅助系统，搭建一个互联互通、共享开放、多维互动的平台。

5.3.3 技术应用

1. 高性能围护结构

综合考虑本项目的用能特点和建筑投资成本，结合现阶段的项目资料，是按照绿色建筑三星的建筑围护结构要求进行设计，即围护结构热工性能提升 10% 以上。

青少年宫东向窗墙比为 0.72，南向窗墙比为 0.80，西向窗墙比为 0.71，北向窗墙比为 0.51，各向窗墙比较大，对透明围护结构进行优化可以有效降低建筑能耗。绿建要求透光围护结构的太阳得热系数比国家及地方现行有关建筑节能设计标准规定的值降低 10%，青少年宫项目各朝向透明围护结构具体要求见表 5-9。

围护结构绿建要求　　表 5-9

朝向	窗墙比	玻璃幕墙可见光反射比	传热系数 *K* 标准值	*SHGC* 标准规定限值	*SHGC* 绿建要求（限值降低 10%）
东、南、西	0.7 ＜窗墙比≤ 0.8	≤ 0.2	2.5	0.22	0.198
北	0.5 ＜窗墙比≤ 0.6	≤ 0.2	2.5	0.35	0.315
天窗	透光部分面积≤ 20%	≤ 0.2	3	0.3	0.27

因此，本项目的围护结构做法如下：

（1）玻璃幕墙和外窗采用金属隔热型材 6Low-E+12A+6 窗户，传热系数为 2.3W/（m^2·K），太阳能得热系数 *SHGC* 为 0.18；非透明外墙围护结构采用加气混凝土，酚醛保温板进行保温，传热系数为 1.35W/（$m^2·K$）。

（2）透明屋面采用 Low-E+12A+6 窗户，传热系数为 2.5W/（$m^2·K$），太阳能得热系数 *SHGC* 为 0.24；非透明屋面采用钢筋混凝土结构，酚醛保温板进行保温，传热系数为 0.72W/（$m^2·K$）（表 5-10）。

围护结构做法　　表 5-10

类型	传热系数 K_i[W/（$m^2·K$）]	太阳总得热系数 *SHGC*
外窗（包括透明幕墙）	2.3	0.18
非透明外墙	1.35（$D>2.5$）	—
透明屋面	2.5	0.24
非透明屋面	0.72（$D>2.5$）	—

2. 遮阳技术

广州地区气温较高，太阳辐射较强，夏季会通过太阳光照带来较大的建筑得热量，遮阳技术对本项目的节能效益明显，本项目采取了相应的节能措施（图 5-45）。

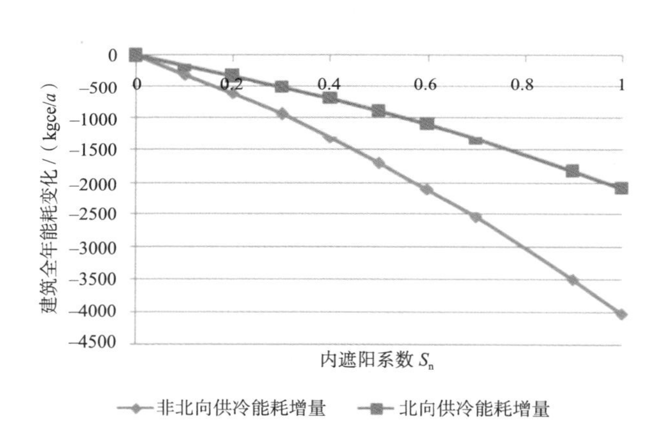

图 5-45　本项目建筑遮阳对全年能耗的影响

本项目采用穿孔铝板配合高反射窗帘技术，考虑建筑遮阳的同时，兼顾了建筑的外形美观。

在建筑外表面采用穿孔铝板外遮阳可以作为建筑外形构件的一部分，且能有效起到遮阳、隔热作用，对遮阳板的穿孔处理又可以达到通风、采光的作用，在实现功能的同时保证了建筑的外形美观，金属孔板穿孔率为 30%，内部窗户可开启。在建筑有高强度阳光直射区域设置室内可调节的高反射窗帘，用来进一步降低阳光直射带来的得热量。

在外窗和幕墙透明部分中，可调节外遮阳的面积比例达到 50.5%，经统计，设置高反射窗帘面积为 3564m^2（图 5-46）。

图 5-46 穿孔铝板配合高反射窗帘实景图

3. 磁悬浮冷水机组

本项目的主要建筑能耗需求为空调制冷能耗，因此，其冷源的选取十分关键，结合本项目负荷实际情况，冷水机组采用高效率的机组。供暖空调系统的冷、热源机组能效均优于现行国家标准《公共建筑节能设计标准》GB 50189 的规定以及现行有关国家标准能效限定值的要求。磁悬浮变频冷水机组能根据实际负荷和压力比调节转速，比传统技术的冷水机组在部分负荷下表现出了极高的性能，如图 5-47 所示，从而获得最大的节能效果。

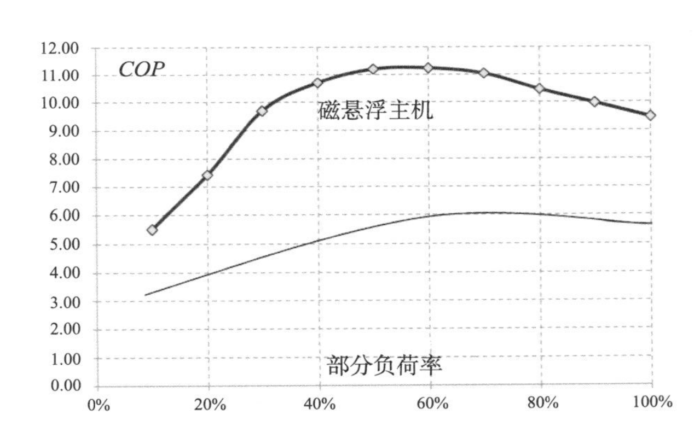

图 5-47 磁悬浮变频冷水机组与传统技术的冷水机性能对比图

本项目采用制冷量为 1582kW 的磁悬浮离心式冷水机组，其 *COP* 值为 5.97，性能提升幅度达 14.59%，与传统冷水机组相比具有极大的性能提升；采用的多联式空调室外机 *IPLV* 为 5.5，性能提高幅度达 37.5%。

4. 高性能设备

考虑到低能耗的相关指标，本项目的输配系统等采用了高效率设备。供暖空调系统的冷、热源机组能效均优于现行国家标准《公共建筑节能设计标准》GB 50189 的规定。

本项目的水系统、风系统采用了变频技术：

（1）根据项目的实际情况，冷冻水泵变频、冷却水泵不变频，水泵效率大于 80%。

（2）风系统中 AHU 变频，新风机、通风机功率大于 3kW 的变频，其余风机不变频，消防风机不变频。

5. 自然通风

自然通风的有效利用可以减小空调系统的运行时间，节约能源；提高室内设计参数，进一步发掘节能潜力；克服空调环境对人体健康的不利影响。而室外气象环境和建筑布局、朝向、门窗大小及位置对自然通风的影响是非常复杂的一个系统，因此应加强自然通风的应用。

本项目采用自然通风技术降低过渡季的空调能耗，在屋面开口、遮阳板孔洞处预留自然通风的条件，分时段进行建筑空调使用，能够降低空调能耗，自然通风技术的应用在过渡季节节约空调能耗约 5% ~ 10%（图 5-48、图 5-49）。

图 5–48 建筑底部架构图

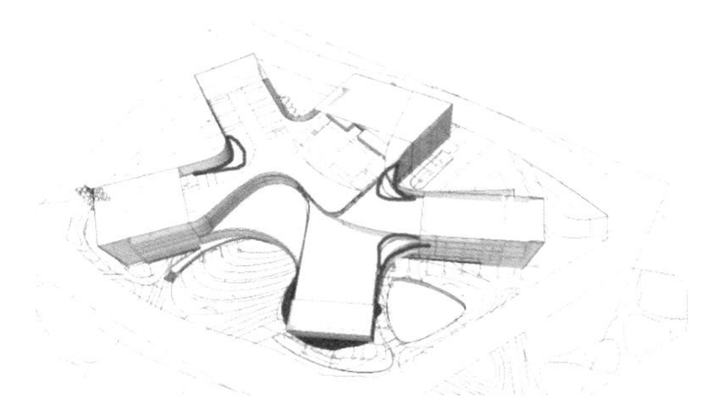

图 5–49 建筑半室外空间架构图

结合本项目建筑造型，建筑底部架空有 8m 左右，可形成南北、东西通畅的气流组织，有助于自然通风；建筑造型各凹陷处设计有基础半室外空间架构，可以形成中庭区域的良好通风效果，转角区域结合建筑边庭形成半室外气流缓冲区；建筑中部区域有 340m^2 左右拔风口，可以形成良好的空气贯通。

6. 智能照明系统

智能照明系统和导光管系统的应用可以减小室内发热量，降低室内空调负荷。同时，本项目采用智能照明控制技术，根据人员活动情况、室外日照情况进行照明系统的智能化控制，节约运行能耗。

本项目照明采用了 LED 高效照明系统，照明功率密度值控制在 4 ~ 6W/m^2。智能照明系统覆盖建筑主要功能区域，不包含机房等区域。

本项目方案中以节能灯具作为基础：设备机房、车库采用 T5 三基色荧光灯，荧光灯配电子镇流器，以提高功率因数，减少频闪和噪声；楼梯间采用紧凑型节能荧光灯和 LED 光源；应急照明采用能快速点燃的光源；路灯、庭园灯、草坪灯采用紧凑型节能灯或 LED 光源。有装修要求的场所采用多种类型的光源。主要场所灯具选择：采用高效节能灯具；潮湿场所采用防水防尘灯，楼梯间采用节能吸顶灯，车库、设备用房等采用控照型荧光灯，储油间采用防爆灯具；室外场所选用太阳能灯具。

照明采用智能控制方式：车库、公共走道、剧场观众厅、室外景观照明及建筑物泛光照明等采用智能灯光控制系统进行自动控制，并按建筑使用条件和天然采光状况采取分区、分组控制措施，控制主机设于智能化管理中心。楼梯间照明采用消防型热释红外感应节能延时开关控制；其余场所照明采用就地或配电箱上集中手动控制。

导光管系统：本项目采用导光管技术，主要在建筑顶层美术专业教室、书法教室、文化展示区、科普展览区、机器人实验室和科技实验室等空间直接利用导光管进行照明，在建筑屋面铺设采光罩，通过导光管道铺设至采光房间顶部，各应用采光房间的面积总计约 2000m^2，共设置导光管 20 套（图 5-50）。

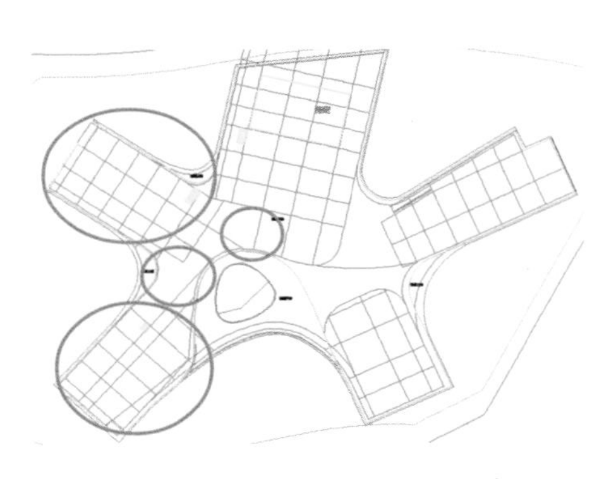

5–50 导光管系统应用区域分布图

结合本项目屋面条件和房间功能需求，美术专业教室、书法教室、文化展示区、科普展览区、机器人实验室和科技实验室位于顶层，距离屋面较近，采用导光管垂直安装的方式，在房间正上方区域屋面设置采光罩，直接引入房间进行采光。

7. 太阳能光伏系统

太阳能光伏系统能够利用可再生能源进行发电，满足本地用电需求，同时提高项目可再生能源利用率。

在充分考虑项目条件和建筑光伏一体化的情况下，本项目主要采用玻璃光伏采光顶等构件，直接作为屋顶玻璃建筑组成部件，真正实现光伏建筑一体化。经计算可知，本建筑太阳能光伏技术的全年发电量约为19403.60kWh。光伏设备的投资回收期约8.93年(图5-51)。

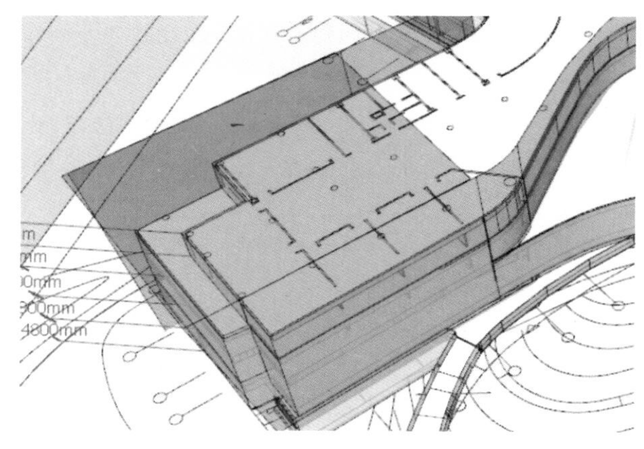

图5-51　项目西南金属屋架区域示意图

8. 太阳能热水系统

太阳能热利用中的热能主要为低品位能源，特别适用于在建筑中制备生活热水等领域。太阳能热水系统在替代生活热水能耗方面效益显著，技术成熟，投资回收期较短，应积极开展太阳能热水系统的应用。

青少年宫采用太阳能热水系统，主要用于四层更衣室、淋浴间热水使用。目前，青少年宫屋顶布置160m^{2}集热板，设置蓄热水箱，有效容积6000L，其他由空气源热泵补充供给热水，可再生能源比例达到98.76%。

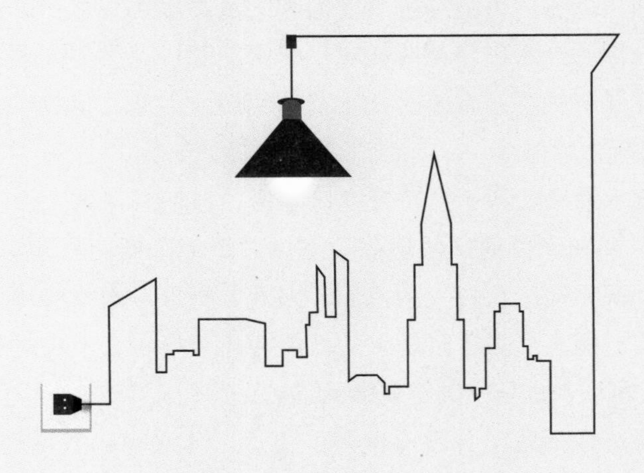

6

总　结

随着城市和社会经济的发展，能源消耗日益严重，能源危机已成为制约现代社会经济发展的突出瓶颈和全球各国可持续发展要面临的最严峻挑战之一。建筑能耗是社会总能耗的一个重要组成部分，所以建筑节能对于缓解能源资源供应问题、解决经济社会发展的矛盾，加快循环经济发展，有着非常重要的作用。因此，建筑节能已成为社会经济发展的全球共识和时代主题。

我国建筑节能技术最早起源于严寒及寒冷地区，目前其他热工设计的分区及建筑节能技术主要是借鉴严寒和寒冷地区的做法。夏热冬暖地区低能耗建筑的发展刚刚起步，其气候特点与严寒、寒冷地区有较大的差异。因此，充分考虑气候环境因素，分析影响低能耗设计的地域性，探索夏热冬暖地区的低能耗建筑技术，不仅对我国低能耗建筑的发展具有重要的现实意义，也是中国建筑师面临的艰巨任务。

目前，低能耗建筑在国际上并没有统一的概念，什么样的能耗水平属于“低能耗”的范畴依据各国经济条件、相关领域发展程度、社会环保意识等各不相同。在我国，大部分关于低能耗建筑的研究仍然集中在严寒、寒冷地区，其概念或者定义并不适用于夏热冬暖地区的建筑中。本书首先根据夏热冬暖地区的特点及建筑节能工作的实际情况，提出了夏热冬暖地区低能耗建筑的概念，即低能耗公共建筑，就是依据建筑物所处地理位置的气候条件，不用或者尽量少用一次能源，应用节能的建筑材料与合理的节能技术，对建筑物的声、光、热及空气品质环境进行全面、系统的调节，最大限度地保证室内空间健康、舒适的同时，降低能源消耗的建筑类型。

本书还对目前夏热冬暖地区的建筑能耗以及低能耗建筑技术的发展现状进行了简要的分析，发现该地区公共建筑的能耗水平并不算十分高，低能耗建筑技术在该地区也有一定程度的发展和应用，但建筑中普遍存在室内环境品质不高、舒适性不足的问题。也就是说，在夏热冬暖地区的公共建筑中，虽然能耗的控制具有一定的成效，但牺牲了室内环境品质和舒适性，这并不符合低能耗建筑的发展宗旨。因此本书提出，在夏热冬暖地区发展低能耗建筑技术，不应一味追求极致的低能耗，应该是在满足人们对室内环境品质要求以及舒适性要求的前提下，尽可能降低建筑能耗，寻找出低能耗与舒适性的最佳平衡点。

本书通过广泛的技术调研，将低能耗建筑技术分为主动式和被动式两个大类，针对夏热冬暖地区的气候特征与建筑特点，提出了该地区的关键适宜性低能耗建筑技术并进行了详细的技术分析。具体包括：①通过建筑的规划平面布局营造有利于节能的室外热环境；②通过门窗幕墙的热工设计、屋顶隔热、立体绿化、遮阳措施等技术手段提高建筑围护结构的隔热性能；③通过合理的开放空间设计、强化自然通风与气流组织设计、天然采光措施、防潮除湿措施营造舒适又节能的室内环境；④通过智能控制技术、高效的用能设备、可再生能源的利用提高建筑的能源利用效率，打造舒适的低能耗建筑。

最后，本书通过几个实际工程案例的分析，包括中山大学附属第一（南沙）医院、深交所广场、南沙青少年宫，对低能耗建筑技术进行了详细的集成应用介绍和分析，以期抛砖引玉，促进夏热冬暖地区的低能耗建筑技术发展更进一步。

低能耗建筑旨在尽可能根据当地气候特征，最大化地利用自然资源，从建筑组团、建筑单体、建筑构件多个维度创造低能耗、高舒适的室内环境。夏热冬暖地区的低能耗建筑起步较晚，必须加强相关技术的研究和推广，在实现公共建筑全面低能耗运行的同时，保证室内环境品质和舒适性满足人们的需求。

参考文献

[1] 近零能耗建筑技术标准 GB/T 51350—2019[S]，2019.

[2] 被动式超低能耗绿色建筑技术导则（试行）(居住建筑）[S]，2015.

[3] 刘蕾．基于光热性能模拟的严寒地区办公建筑低能耗设计策略研究 [D]. 哈尔滨：哈尔滨工业大学 ,2017.

[4] 张桂萍．温和地区民用建筑低能耗节能优化方案研究 [D]. 昆明：昆明理工大学 ,2015.

[5] 李自强．低能耗公共建筑节能技术研究及能效测评 [D]. 唐山：河北联合大学 ,2012.

[6] 任彬彬．寒冷地区多层办公建筑低能耗设计原型研究 [D]. 天津：天津大学 ,2014.

[7] 张莹．基于舒适热环境要求的办公建筑低能耗设计策略研究 [D]. 沈阳：沈阳建筑大学 ,2015.

[8] Key World Energy Statistics.International Energy Agency[Z], 2015.

[9] 清华大学建筑节能研究中心．中国建筑节能发展研究报告 2015[M]. 北京 : 中国建筑工业出版社 ,2015.

[10] 冷红 , 袁青．基于国际比较的寒地老工业城市宜居性建设研究 [J]. 城市发展研究 ,2009,6（3）.

[11] 张神树 , 高辉．德国低 / 零能耗建筑实例解析 [M]. 北京 : 中国建筑工业出版社 ,2007.

[12] C.FiLippfn,A.Beascocha.Performance Assessment of Low-Energy Buildings in Central Argentina[J]. Energy and Buildings,2007（39）.

[13] 贺湘凌 , 黄振利．调整能源消费结构的出路——低能耗建筑 [J]. 施工技术，2005（10）.

[14] Justus Achelis. Auswirkungen der Energieeinsparverordnung（EnEV）[J]. Bauphysik,2007,29（6）.

[15] 民用建筑热工设计规范 GB 50176[S]，1993.

[16] 张志刚 , 常茹 , 李岩，主编．建筑节能概论 [M]. 天津 : 天津大学出版社 ,2011.

[17] 公共建筑节能设计标准 GB 50189[S]，2015.

[18] 杨曦．办公建筑形体生成中的可持续策略研究 [D]. 天津：天津大学 ,2010.

[19] 杨丽冬．办公空间设计的组合形态分析 [J]. 大众文艺 ,2011（15）.

[20] 倪韬．浅谈节能技术对节能建筑形态的影响 [J]. 中国房地产业 ,2011（3）.

[21] 冯永芳 , 向松林．也谈建筑体形与节能 [J]. 建筑学报 ,1983（8）.

[22] 蔡君馥．能源节约与建筑设计 [J]. 世界建筑 ,1980（1）:6-7.

[23] 顾晓燕．太阳能制冷及供暖综合系统研究 [D]. 南京：南京理工大学 ,2005.

[24] 金苗苗．建筑设计中的能耗模拟分析 [D]. 西安：西安建筑科技大学 ,2007.

[25] 崔勇．墙体型太阳能集散热辐射板的研究 [D]. 天津：天津大学 ,2008.

[26] 张改景 , 龙惟定 , 陈旭．可再生能源供热制冷技术在建筑中的应用 [J]. 建筑热能通风空调 ,2009,28

（4）:23-27.

[27] 于震．低能耗建筑能源系统的多步预测优化控制 [A]. 中国建筑学会暖通空调分会，中国制冷学会空调热泵专业委员会．全国暖通空调制冷 2010 年学术年会资料集．

[28] 郝明慧．济南地区办公建筑能耗模拟与节能分析 [D]. 济南：山东建筑大学 ,2011.

[29] 廉芬．国内外绿色办公建筑评价体系对比研究 [D]. 厦门：华侨大学 ,2012.

[30] 民用建筑热工设计规范 GB 50176—2016[S]，2017.

[31] 民用建筑室内热湿环境评价标准 GB/T 50785—2012[S]，2012.

[32] 张仲军．夏热冬暖地区城乡建筑人群热适应研究 [D]. 广州：华南理工大学 ,2018.

[33] 刘加平．建筑创作中的节能设计 [M]. 北京：中国建筑工业出版社，2009.

[34] Zhang Y., Zhang J., Chen H., et al. Effects of Step Changes of Temperature and Humidity on Human Responses of People in Hot-Humid Area of China[J]. Building & Environment, 2014, 80（7）:174-183.

[35] Zhang Z., Zhang Y., Jin L. Thermal Comfort in Interior and Semi-Open Spaces of Rural Folk Houses in Hot-Humid Areas[J]. Building & Environment, 2017.

[36] 冯仕达 , 李雨珂．言辞与理念——何镜堂的设计理念与形式语言的关联 [J]. 建筑学报 ,2018（1）:12-17.

[37] 曾志辉．广府传统民居通风方法及其现代建筑应用 [D]. 广州：华南理工大学 ,2010.

[38] 王进勇．湿热地区自然通风环境人群的热适应研究 [D]. 广州：华南理工大学硕士学位论文，2009.

[39] 陈慧梅．湿热地区混合通风建筑环境人体热适应研究 [D]. 广州：华南理工大学硕士学位论文，2010.

[40] 王诚承．南方湿热地区工业化建筑的节能构造设计研究 [D]. 广州：广州大学硕士学位论文，2017.

[41] 朱志明．适宜极端热湿气候区的建筑屋面节能构造浅析 [D]. 北京：北京工业大学，2017.

[42] 王成．暖通空调系统设计与运行节能浅析 [J]. 环境保护与循环经济，2018（12）.

[43] 刘洋．电气设计节能措施研究 [J]. 电气时代，2019（2）.

[44] 华南理工大学．建筑物理 [M]. 广州 : 华南理工大学出版社 ,2002.

[45] 孟庆林．南亚热带建筑气候资源化研究进展 [J]. 热带建筑，2003，12（1）：1-2.

[46] 鹿世瑾．华南气候 [M]. 北京：气象出版社，1990:67-81.

[47] 沈显超．建筑围护结构防潮性能研究 [D]. 武汉：武汉理工大学硕士学位论文，2006.

[48] 王静，周璐．简析岭南传统建筑防潮设计与技术 [J]. 华中建筑，2013（8）.

[49] 谢浩，杨楚屏．优化防潮设计改善建筑环境 [J]. 哈尔滨工业大学学报，2003（10）.

[50] 焦风雷，康键，等．汉语背景下开放式办公声环境的评价研究 [J]. 声学学报，2010（3）：179-184.

[51] 罗小华．大型公共建筑大厅室内噪声控制 [J]. 科技创新导报，2009（20）：96.

[52] 贺加添．开敞式声环境分析及声学设计 [J]. 烟台大学学报（自然科学与工程版），1993（3）：64-69.

[53] 程世祥，莫其鸣，何汉松．办公室噪声对人群健康的影响 [J]. 环境与健康，2000（5）：154-155.

[54] 康键，焦风雷，等．开放式办公室及其声环境研究 [J]. 城市建筑，2010（9）：103-105

[55] 刘松，程勇，刘东，等．人体吹风感影响因素的总结与分析 [J]. 建筑热能通风空调，2012, 31（2）:7-11.
[56] 戴自祝．室内空气质量与通风空调 [J]. 中国卫生工程学，2002（1）:54-56.
[57] 杨涛．排风热回收技术在医院建筑中的运行模式及适宜性分析 [D]. 重庆：重庆大学 ,2015.
[58] 罗燕．冷凝热回收热水系统的模拟与经济性分析 [D]. 长沙：湖南大学 ,2010.
[59] 尹蕊蕊．冷凝热热回收概述及实例 [J]. 建设科技 ,2010（8）:90-91.
[60] 张鹏．深圳某五星级酒店空调系统设计 [J]. 建筑热能通风空调 ,2018,37（7）:93-95.
[61] 邓立力．变频技术在中央空调系统冷水（热泵）机组中的应用分析 [J]. 机电产品开发与创新 ,2017,30（4）:28-30.
[62] 冀兆良，白贵平．水泵变频技术在空调系统中的应用 [J]. 广州大学学报（自然科学版）,2005（6）:537-541.
[63] 卓明胜，姜春苗，韩广宇．基于永磁同步变频离心式冷水机组的中央空调水系统优化控制策略研究 [J]. 制冷技术 ,2018,38（5）:35-40.
[64] 刘书云．深圳地铁通风空调系统变频节能技术分析 [J]. 现代城市轨道交通 ,2017（8）:24-27.
[65] 赵显华．冰蓄冷空调系统的应用与经济分析 [D]. 北京：北京建筑大学 ,2018.
[66] 罗东磊．冰蓄冷与水蓄冷空调系统应用分析研究 [D]. 西安：西安建筑科技大学 ,2018.
[67] 罗磊．深圳某甲级写字楼冰蓄冷改造经济性分析 [J]. 建筑热能通风空调 ,2018,37（9）:71-73，100.
[68] 刘晓海．珠海歌剧院水蓄冷制冷系统设计与经济性分析 [J]. 煤气与热力 ,2018,38（3）:23-29.
[69] 杨光．中央空调大温差系统应用及节能设计分析 [J]. 绿色建筑 ,2013,5（6）:40-42.
[70] 徐健．某商场空调冷冻水大温差系统分析 [J]. 建筑热能通风空调 ,2015,34（3）:63-65，62.
[71] 王峰．建筑电气照明节能技术分析 [J]. 能源与环境 ,2018（5）:39-40.
[72] 徐安高．建筑电气照明中的节能方式与设计要点研究 [J]. 建材与装饰 ,2017（44）:99-100.
[73] 刘玖增．照明节能的技术措施浅析 [J]. 中国新技术新产品 ,2017（10）:99-102.
[74] 宁永生．西南某证券大楼智能照明控制系统设计 [J]. 现代建筑电气 ,2018,9（8）:50-52.
[75] 张焕辉．建筑电气节能设计途径 [J]. 建材与装饰（中旬刊）,2008（6）:376-378.
[76] 石家权．浅谈电梯节能降耗的技术途径 [J]. 上海节能 ,2018（1）:48-52.
[77] 张楠．关于电梯节能技术的探讨 [J]. 特种设备安全技术 ,2017（5）:40-41.
[78] 郭俭明．试论节能电梯及节能效果 [J]. 科技创新与应用 ,2017（17）:104.
[79] 李雪白．高层建筑电气节能的不合理现状及改善方法探讨 [J]. 技术与市场 ,2017,24（9）:121-122.
[80] 吴涛．电气节能技术在苏宁易购总部设计中的应用 [J]. 现代建筑电气 ,2016,7（9）:10-15.
[81] 王立坤．园区燃气三联供机组代替柴油发电机组的技术研究 [D]. 北京：北京建筑大学 ,2013.
[82] 崔丽．游泳馆建筑设计中的节能技术探析 [D]. 重庆：重庆大学 ,2011.
[83] 毛文联．某游泳池会所地源热泵节能设计应用 [J]. 供热制冷 ,2014（12）:66-69.